全国高等职业教育机电类专业"十二五"规划教材

伺服系统应用技术

陈亚林　陆东明　主　编

陈庆胜　刘思远　副主编

周江涛　参　编

狄建雄　主　审

U0316591

中国铁道出版社有限公司

CHINA RAILWAY PUBLISHING HOUSE CO., LTD.

内 容 简 介

本书主要介绍三菱交流伺服控制系统的原理和应用，全书共分 7 个项目，内容包括：绪论，主要介绍伺服控制系统以及典型产品、应用行业等；伺服电动机与伺服测量系统，主要介绍伺服电动机基本原理、永磁同步伺服电动机、测量系统基本原理及相关检测元件等；伺服原理与系统，主要介绍交流电的逆变、PWM 逆变原理、永磁同步电动机伺服驱动系统；伺服驱动器工作原理，主要介绍位置控制单元、速度控制单元、驱动单元、完整的电动机驱动器；三菱伺服驱动器的硬件系统，主要介绍系统的性能指标、电气接线、模块应用等；三菱伺服驱动器的操作与调试，主要介绍三菱伺服驱动器的具体应用，包括参数设置、系统调试、故障诊断；伺服控制系统的应用，给出伺服移位角控制、定位机械手控制、定位跟踪控制、单轴伺服跟踪控制 4 个实例。

本书内容充实，通俗易懂，实用性强，注重能力培养，最后以实例收尾，有效地训练了学生解决实际问题的能力和动手能力。

本书适合作为高等职业院校机电一体化等专业的教材，也可作为自动化类岗位的培训教材。

图书在版编目（CIP）数据

伺服系统应用技术 / 陈亚林，陆东明主编. — 北京：
中国铁道出版社，2015.12（2023.7重印）
全国高等职业教育机电类专业"十二五"规划教材
ISBN 978-7-113-19009-5

Ⅰ. ①伺… Ⅱ. ①陈… ②陆… Ⅲ. ①伺服系统－高
等职业教育－教材 Ⅳ. ①TP275

中国版本图书馆 CIP 数据核字（2014）第 194366 号

书　　　名：伺服系统应用技术
作　　　者：陈亚林　陆东明

策　　划：祁　云　　　　　　　　　　编辑部电话：(010)63549458
责任编辑：祁　云　彭立辉
封面设计：付　巍
封面制作：白　雪
责任校对：王　杰
责任印制：樊启鹏

出版发行：中国铁道出版社有限公司（100054，北京市西城区右安门西街 8 号）
网　　址：http:// www.tdpress.com/51eds/
印　　刷：北京铭成印刷有限公司
版　　次：2015 年 12 月第 1 版　　　2023 年 7 月第 6 次印刷
开　　本：787 mm×1 092 mm　1/16　印张：11.5　字数：268 千
印　　数：6 601～7 200 册
书　　号：ISBN 978-7-113-19009-5
定　　价：25.00 元

伺服控制系统涉及数控产业、装备制造业、信息产业和材料学等诸多行业，它的发展直接关系到整体数控设备的性能发挥及相关产业的联动发展。

在研究、设计自动化装备过程中，运动控制技术是其中的关键技术，它涵盖控制理论、计算机技术、微电子技术、电力电子技术、电机学、机械设计、信号检测与处理技术等多门学科，是自动化技术的主要分支。

目前，我国高职院校的相关专业已开设了该课程，但是相关的教材太少，或者与工业实际相差较大，这使得装备制造业中运动控制技术人才紧缺。

本书根据作者多年运动控制系统的研究和总结编写而成，其内容从运动控制技术应用的行业层面介绍，到学习该技术由浅入深的系统专业知识介绍，从器件到系统，由理论到实践，层层解剖，让读者能系统地学习、了解运动控制系统的原理和应用方法，真正体现学以致用。

本书由陈亚林、陆东明任主编，陈庆胜、刘思远任副主编，周江涛参编，狄建雄主审。其中：陈亚林编写项目 1、3、5，陆东明编写项目 4，陈庆胜编写项目 2，刘思远编写项目 6，周江涛编写项目 7。

本书适用于高等职业院校机电一体化专业的工程技术人员和相关专业的培训教材。

由于编者水平所限，书中难免存在疏漏与不妥之处，恳请广大读者批评指正。

编　者

2015 年 8 月

CONTENTS | # 目　录

项目 **1** 绪论

交流伺服控制对自动化、自动控制、电气技术、电力系统及自动化、机电一体化、电机电器与控制等专业既是一门基础技术，又是一门专业技术。它结合生产实际，解决各种复杂定位控制问题，如机器人轨迹控制、数控机床位置控制等。它是一门机械、电力电子、控制和信息技术相结合的交叉学科。

1.1 伺服控制系统概述

伺服控制系统是用来精确地跟随或复现某个过程的反馈控制系统，又称随动系统。在很多情况下，伺服系统专指被控制量（系统的输出量）是机械位移或位移速度、加速度的反馈控制系统，其作用是使输出的机械位移（或转角）准确地跟踪输入的位移（或转角）。伺服系统的结构组成和其他形式的反馈控制系统没有原则上的区别。

例如，防空雷达控制就是一个典型的伺服控制过程，它是以空中的目标为输入指令要求，雷达天线要一直跟踪目标，为地面炮台提供目标方位；加工中心的机械制造过程也是伺服控制过程，位移传感器不断地将刀具进给的位移传送给计算机，通过与加工位置目标比较，计算机输出继续加工或停止加工的控制信号。绝大部分机电一体化系统都具有伺服功能，机电一体化系统中的伺服控制是为执行机构按设计要求实现运动而提供控制和动力的重要环节。

伺服控制系统最初用于船舶的自动驾驶、火炮控制和指挥仪中，后来逐渐推广到很多领域，特别是自动车床、天线位置控制、导弹和飞船的制导等。采用伺服系统主要是为了达到下面几个目的：

① 以小功率指令信号去控制大功率负载。火炮控制和船舵控制就是典型的例子。

② 在没有机械连接的情况下，由输入轴控制位于远处的输出轴，实现远距同步传动。

③ 使输出机械位移精确地跟踪电信号，如记录和指示仪表等。

衡量伺服控制系统性能的主要指标有频带宽度和精度。频带宽度简称带宽，由系统频率响应特性来规定，反映伺服系统跟踪的快速性。带宽越宽，快速性越好。伺服系统的带宽主要受控制对象和执行机构惯性的限制。惯性越大，带宽越窄。一般伺服系统的带宽小于 15 Hz，大型设备伺服系统的带宽则在 2 Hz 以下。自 20 世纪 70 年代以来，由于发展了力矩电动机及高灵敏度测速机，使伺服系统实现了直接驱动，革除或减小了齿隙和弹性变形等非线性因素，使带宽达到 50 Hz，并成功应用在远程导弹、人造卫星、精密指挥仪等场所。伺服系统的精度主要决定于所用的测量元件的精度。因此，在伺服系统中必须采用高精度的测量元件，如精密电位器、自整角机和旋转变压器等。此外，也可采取附加措施来提高系统的精度，例如将测量元件（如自整角机）的测量轴，通过减速器与转轴相连，使转轴的转角得到放大来提高相对测量精度。采用这种方案的伺服系统称为精测粗测系统，或双通道系统。通过减速器与转轴啮合的测角线路称为精读数通道；直接取自转轴的测角线路称为粗读数通道。

1.2 伺服控制系统的结构与典型产品

1.2.1 伺服系统的结构

机电一体化的伺服控制系统的结构类型繁多，但从自动控制理论的角度来分析，伺服系统一般包括调节元件、被控对象、执行环节、检测环节、比较环节等五部分。伺服系统组成原理框图如图 1-1 所示。

图 1-1 伺服系统组成原理框图

1．调节元件

控制器通常是计算机或 PID 控制电路，其主要任务是对比较元件输出的偏差信号进行变换处理，以控制执行元件按要求动作。

2．执行环节

执行环节的作用是按控制信号的要求，将输入的各种形式的能量转化成机械能，驱动被控对象工作。机电一体化系统中的执行元件一般指各种电动机或液压、气动伺服机构等。

3．被控对象

机械参数量包括位移、速度、加速度、力和力矩为被控对象。

4．检测环节

检测环节是指能够对输出进行测量并转换成比较环节所需要的量纲的装置，一般包括传感器和转换电路。

5．比较环节

比较环节是将输入的指令信号与系统的反馈信号进行比较，以获得输出与输入之间的偏差信号的环节，通常由专门的电路或计算机来实现。

1.2.2 伺服系统的分类

伺服系统的分类方法很多，常见的分类方法如下：

1．按被控量参数特性分类

按被控量不同，机电一体化系统可分为位移、速度、力矩等各种伺服系统。其他系统还有温度、湿度、磁场、光等各种参数的伺服系统。

2．按驱动元件的类型分类

按驱动元件的不同可分为电气伺服系统、液压伺服系统、气动伺服系统。电气伺服系统根据电动机类型的不同又可分为直流伺服系统、交流伺服系统和步进电动机控制伺服系统。

3．按控制原理分类

按自动控制原理，伺服系统又可以分为开环控制伺服系统、闭环控制伺服系统、半闭环控制伺服系统。

开环控制伺服系统结构简单、成本低廉、易于维护，但由于没有检测环节，系统精度低、抗干扰能力差。闭环控制伺服系统能及时对输出进行检测，并根据输出与输入的偏差，实时调整执行过程，因此系统精度高，但成本也大幅提高。半闭环控制伺服系统的检测反馈环节位于执行机构的中间输出上，因此一定程度上提高了系统的性能。例如，位移控制伺服系统中，为了提高系统的动态性能，增设的电动机速度检测和控制就属于半闭环控制环节。

1.2.3　伺服系统的性能要求

对伺服系统的基本要求有稳定性、精度、快速响应性和节能。

① 稳定性好：作用在系统上的扰动消失后，系统能够恢复到原来的稳定状态下运行或者在输入指令信号作用下，系统能够达到新的稳定运行状态的能力，在给定输入或外界干扰作用下，能在短暂的调节过程后到达新的或者恢复到原有平衡状态。

② 精度高：伺服系统的精度是指输出量能跟随输入量的精确程度。作为精密加工的数控机床，要求的定位精度或轮廓加工精度通常都比较高，允许的偏差一般都在 0.01～0.00l mm 之间。

③ 快速响应性好：有两方面含义，一是指动态响应过程中，输出量随输入指令信号变化的迅速程度；二是指动态响应过程结束的迅速程度。快速响应性是伺服系统动态品质的标志之一，即要求跟踪指令信号的响应要快，一方面要求过渡过程时间短，一般在 200 ms 以内，甚至小于几十毫秒；另一方面，为满足超调要求，要求过渡过程的前沿陡，即上升率要大。

④ 高效节能：由于伺服系统的快速响应，注塑能够根据自身的需要对供给进行快速的调整，能够有效提高注塑机的电能的利用率，从而达到高效节能。

1.2.4　伺服系统的主要特点

伺服系统的主要特点如下：

① 精确的检测装置：以组成速度和位置闭环控制。

② 有多种反馈比较原理与方法：根据检测装置实现信息反馈的原理不同，伺服系统反馈比较的方法也不相同。常用的有脉冲比较、相位比较和幅值比较 3 种。

③ 高性能的伺服电动机：用于高效和复杂型面加工的数控机床，伺服系统将经常处于频繁启动和制动过程中。要求电动机的输出力矩与转动惯量的比值大，以产生足够大的加速度或制动力矩。要求伺服电动机在低速时有足够大的输出力矩且运转平稳，以便在与机械运动部分连接中尽量减少中间环节。

④ 宽调速范围的速度调节系统，即速度伺服系统：从系统的控制结构看，数控机床的位置闭环系统可看作是位置调节为外环、速度调节为内环的双闭环自动控制系统，其内部的实际工作过程是把位置控制输入转换成相应的速度给定信号后，再通过调速系统驱动伺服电动机，实现实际位移。数控机床的主运动要求调速性能也比较高，因此要求伺服系统为高性能的宽调速系统。

1.2.5 伺服放大器的典型产品

1. 三菱伺服驱动器（MR-J3-A）

AC 伺服原理：

① 构成伺服机构的元件称为伺服元件。由驱动放大器（AC 放大器）、驱动电动机（AC 伺服驱动电动机）和检测器组成。图 1-2 为伺服机构示意图，图 1-3 所示为伺服放大器主回路。

图 1-2　伺服机构示意图

图 1-3　伺服放大器主回路

a. 整流回路：将交流转变成直流，可分为单向和三相整流桥。平滑电容：对整流电源进行平滑，减少其脉动成分。

b. 再生制动：所谓再生制动就是指电动机的实际转速高于指令速度时，产生能量回馈的现象。再生制动回路就是用来消耗这些回馈能源的装置。

按照再生制动回路的种类，可分为：电容再生方式（小容量：0.4 kW 以下）、电阻再生制动方式（中容量 0.4～11 kW）、电源再生方式（大容量 11 kW 以上），其中电阻再生制动方式又可分为内置电阻方式、外接电阻方式、外接制动单元方式。

c. 逆变回路：生成适合电动机转速的频率、适合负载转矩大小的电流、驱动电动机。逆变模块采用 IGBT 开关元件。

d. 动态制动器：具有在基极断路时，在伺服电动机端子间加上适当的电阻器进行短路消耗旋转能，使之迅速停转的功能。

② 转矩特性：三菱伺服电动机属于永磁同步电动机，伺服电动机的输出转矩与电流成正比，其从低速到高速都可以以恒定转矩运转。

负载率与动作时间的关系如图 1-4 所示。

图 1-4　负载率与动作时间的关系

③ 编码器的种类和结构如表 1-1 所示。

表 1-1　编码器的种类和结构

项　　目	增量编码器	绝对编码器
输出内容	a.输出相对值； b.针对旋转角度的变化量输出脉冲	a.输出绝对值； b.输出旋转角度的绝对值
停止时的应对	接通电源时需要原点复位动作	接通电源时无须原点复位动作
价格	结构较简单，价格低	结构较复杂，价格高
结构		

项　目	增量编码器	绝对编码器
补充说明	该装置的旋转圆盘上设有很多光学槽，使发光二极管的光通过固定槽，再利用光电二极管检测该光束，并将槽的位置转换为电信号	在电动机轴上安装绝对编码器，即可随时检测电动机轴的固定位置，由于不需要脉冲计数，故接通电源时无须原点复位动作

2．三菱伺服驱动器（MR-J2S-A）

（1）性能

① 采用高分辨率的编码器 131072/rev(17 位)。

② 采用高性能的 CPU，大大提高了产品的响应性（速度环路频率响应提到 550 kHz，MR-J2S 系列是高速定位应用的最佳装置）。

③ 轻松构建绝对值系统（MR-J2S 系列所适配的电动机均采用绝对值编码器，要在伺服放大器中安装一个电池）。

④ 模型自适应控制/高级实时自动调谐。

⑤ 机械分析功能：轻松实现抑制机械振动。

⑥ 增益搜索功能：自动找出最佳增益值。

⑦ 电动机的自动 ID 识别。

伺服产品说明如图 1-5 所示。

图 1-5　伺服产品说明

伺服放大器型号说明如图 1-6 所示。

图 1-6 伺服放大器型号说明

电动机型号说明如图 1-7 所示。

图 1-7 电动机型号说明

（2）控制模式

① 位置控制模式。

② 速度控制模式。

③ 转矩控制模式。

④ 位置/速度控制切换模式。

⑤ 速度/转矩控制切换模式。

⑥ 转矩/位置控制切换模式。

3. 三菱伺服放大器（MR-J3-B）

MR-J3-B 伺服放大器通过高速同步网络与伺服系统控制器连接，并通过直接读取定位数据进行操作。利用指令模块的数据执行伺服电动机的转速/方向控制和高精度定位。与现 SSCNET 相比，通过采用光通信系统，连接 MR-J3-B 伺服放大器的 SSCNET 大大提高了通信速度和噪声误差。对于接线距离，两极之间的距离最长可达 50 m。为了保护主电路的功率晶体管不会受到快速、加/减速或过载引起的过流的影响，伺服放大器具有夹紧（clamping）

转矩限制电路。此外，转矩限制值可以通过参数进行设置。由于新的系列具有 USB 通信功能，可以利用安装在个人计算机上的伺服设置软件进行参数设置，试运行，状态显示监控，增益调整等。利用实时自动调谐，可以根据机器自动调整伺服增益。

1.3　伺服控制系统在机床行业的应用

伺服系统虽是近年来才开发出来的自动化产品，但是无论从性能上还是从功能应用上都是自动化行业的时尚先锋。尤其以伺服系统在机床上的应用更为耀眼。

按机床中传动机械的不同将伺服分为进给伺服与主轴伺服。

进给伺服以数控机床的各坐标为控制对象，产生机床的切削进给运动。为此，要求进给伺服能快速调节坐标轴的运动速度，并能精确地进行位置控制。

主轴伺服提供加工各类工件所需的切削功率，因此，只需要完成主轴调速及正反转功能。但当要求机床有螺纹加工、准停和恒线速加工等功能时，对主轴也提出了相应的位置控制要求。因此，要求其输出功率大，具有恒转矩段及恒功率段，有准停控制，主轴与进给联动。与进给伺服一样，主轴伺服经历了从普通三相异步电动机传动到直流主轴传动。随着微处理器技术和大功率晶体管技术的进展，现在又进入了交流主轴伺服系统时代。

目前，在数控机床上使用的伺服控制系统，其优点主要有：精度高，伺服系统的精度是指输出量能复现输入量的精确程度，包括定位精度和轮廓加工精度；稳定性好，稳定性是指系统在给定输入或外界干扰作用下，能在短暂的调节过程后，达到新的或者恢复到原来的平衡状态，直接影响数控加工的精度和表面粗糙度；快速响应，它是伺服系统动态品质的重要指标，反映了系统的跟踪精度；调速范围宽，其调速范围可达 0～30 m/min；低速大转矩，进给坐标的伺服控制属于恒转矩控制，在整个速度范围内都要保持这个转矩，主轴坐标的伺服控制在低速时为恒转矩控制，能提供较大转矩，在高速时为恒功率控制，具有足够大的输出功率。

在机床进给伺服中采用的主要是永磁同步交流伺服系统，有 3 种类型：模拟形式、数字形式和软件形式。模拟伺服用途单一，只接收模拟信号，位置控制通常由上位机实现；数字伺服可实现一机多用，如做速度、力矩、位置控制，可接收模拟指令和脉冲指令，各种参数均以数字方式设置，稳定性好，具有较丰富的自诊断、报警功能；软件伺服是基于微处理器的全数字伺服系统，其将各种控制方式和不同规格、功率的伺服电动机的监控程序以软件实现，使用时由用户设置代码与相关的数据即自动进入工作状态，配有数字接口，改变工作方式、更换电动机规格时，只需重设代码即可，故又称万能伺服。

作为机床工具，尤其是数控机床的重要功能部件，交流伺服运动控制产品的系统特性一直是影响系统加工性能的重要指标。近些年，国内外各个厂家都相继推出了交流伺服运动控制的新技术和新产品，比如全闭环交流伺服驱动技术、直线电动机驱动技术、PCC（可编程计算控制）技术、基于现场总线的交流伺服运动控制技术、运动控制卡、DSP（数字信号处理）多轴运动控制器等。随着超高速切削、超精密加工、网络制造等先进制造技术的发展，具有网络接口的全数字交流伺服系统、直线电动机及高速电主轴等将成为数控机床行业关注的热点，并成为交流伺服运动控制产品的发展方向。

卧式数控机床由 CNC（计算机数字控制机床）控制器，伺服驱动及电动机、电器柜和数控机床的机架四部分组成。其工作原理：通过 CNC 内配置的专用编程软件，将加工零件的轨迹用坐标的方式表达出来，把这些信息转化成能使驱动伺服电动机的带有功率的信号(脉冲串)，控制伺服电动机带动相应轴来实现运动轨迹。同时，刀架上配有数控车刀，通过按加工材质配置相应的刀具，对固定于主轴上的加工材料进行切削，即可加工出相应的工件。

1.4　伺服控制系统在纺织行业的应用

下面通过具体的实物进行说明。

1. 织机

图 1-8 所示为剑杆织机，图 1-9 所示为喷气织机，图 1-10 所示为毛巾织机，其控制电路以 PLC（可编程逻辑控制器）为核心，或以单片机代替。图 1-11 为电子送经机构示意图，电子送经机构由张力信号采集系统、信号处理和控制系统、织轴驱动装置三部分组成。装在双后梁上的压力传感器检测经面张力，PLC 检测张力反馈信号，信号经 PLC 内部处理后控制伺服系统，伺服电动机通过蜗轮、蜗杆传动至织轴上，控制送经速度，从而实现恒张力自动控制，保证织轴由大变小的过程，保持张力均匀。

图 1-8　剑杆织机

图 1-9　喷气织机

图 1-10 毛巾织机

图 1-11 电子送经机构示意图

2. 电子卷取机构

电子卷取是根据织物要求的纬密，通过触摸屏输入织物纬密，由 PLC 控制伺服系统实现织物定量定速的卷取。采用伺服电动机作为动力，电动机通过减速器，由同步带动到卷取传动轴，通过锥齿轮变向后，带动刺毛辊传动，对包覆在辊上的织物进行卷取。图 1-12 为电子卷取机机构示意图。

图 1-12 电子卷取机构示意图

3. 计算机横机

全自动计算机横机是针织行业中技术含量较高的机械，它集成了计算机数字控制、电子驱动、机械设计、电动机驱动、针织工艺等技术为一体，可以编辑非常复杂的手摇横机无法完成的衣片组织。伺服应用在横机已广泛应用。图 1-13 所示为计算机横机。

图 1-13　计算机横机

（1）机头驱动系统

计算机横机工作时是通过主伺服电动机拖动横机机头做往复运动实行编制。在伺服配套使用的计算机横机厂家机头驱动采用伺服和同步齿形带驱动，机头可以自动调节行程。一般伺服到机头有两级减速传动（65∶45∶25），高低速运行时要求伺服电动机机头平稳，无抖动和振动噪声，机头换向也就是伺服电动机在正反转交替时要平滑无明显打顿、强烈抖动现象。目前，选用 EDBIKW、1 000 r/min 交流伺服电动机。

（2）针床移位系统

计算机横机，针床横移一般采用伺服/步进电动机-滚珠丝杆螺母副传动来实现。摇床电动机与滚珠丝杆用同步齿形带结，同步带轮减速比一般为 24∶15，编制中需要针床横移是要求伺服电动机平稳、精确、快速地响应。目前选用 EDC750W、3 000 r/min 的伺服电动机。

项目 **2** 伺服电动机与伺服测量系统

凡是要定量地描述事物的特征和性质的地方，都离不开测量。测量就是用专门的技术工具靠实验和计算找到被测量的值（大小和正负），测量的目的是为了在限定时间内尽可能正确地收集被测对象的未知信息，以便掌握被测对象的参数和对其运动、变化过程的控制。

检测系统是控制系统的重要组成部分。运动控制系统中的检测系统就是要实时地对被测对象的运动参数（位移、速度、加速度、加加速度和力、扭矩等机械量）进行检测和数据处理的系统。

2.1 伺服电动机基本原理

20 世纪 80 年代以来，随着集成电路、电力电子技术和交流可变速驱动技术的发展，三菱伺服电动机技术有了突出的发展，各国著名电气厂商相继推出各自的交流伺服电动产品并不断完善和更新。交流伺服系统已成为当代高性能伺服系统的主要发展方向，原来的直流伺服系统面临被淘汰的危机。90 年代以后，世界各国已经商品化了的交流伺服系统采用全数字控制的正弦波电动机伺服驱动。

交流伺服驱动装置在传动领域的发展主要优点如下：

① 无电刷和换向器，因此工作可靠，对维护和保养要求低。

② 定子绕组散热比较方便。

③ 惯量小，易于提高系统的快速性。

④ 适用于高速大转矩工作状态。

⑤ 同功率下有较小的体积和质量。

伺服主要靠脉冲来定位，基本上可以这样理解，伺服电动机接收到 1 个脉冲，就会旋转 1 个脉冲对应的角度，从而实现位移。因为伺服电动机本身具备发出脉冲的功能，所以伺服电动机每旋转一个角度，都会发出对应数量的脉冲，这样，和伺服电动机接受的脉冲形成了呼应，或者叫闭环，如此一来，系统就会知道发了多少脉冲给伺服电动机，同时又收了多少脉冲回来。这样，就能够很精确地控制电动机的转动，从而实现精确定位，可以达到 0.001 mm。直流伺服电动机分为有刷电动机和无刷电动机。有刷电动机成本低，结构简单，启动转矩大，调速范围宽，控制容易，需要维护，但维护方便（换电刷），产生电磁干扰，对环境有要求。因此，它可用于对成本敏感的普通工业和民用场合。

交流伺服电动机是无刷电动机，分为同步电动机和异步电动机，目前运动控制中一般都用同步电动机，它的功率范围大，惯量大，最高转动速度低，且随着功率增大而快速降低，因而适合低速平稳运行。

伺服电动机内部的转子是永磁铁，驱动器控制的 U、V、W 三相电形成电磁场，转子在此磁场的作用下转动，同时电动机自带的编码器反馈信号给驱动器，驱动器根据反馈值与目标值进行比较，调整转子转动的角度。伺服电动机的精度决定于编码器的精度（线数）。

交流伺服电动机的工作原理和单相感应电动机无本质上的差异。但是，交流伺服电动机必须具备一个性能，就是能克服交流伺服电动机所谓的"自转"现象，即无控制信号时，它不应转动，特别是当它已在转动时，如果控制信号消失，应能立即停止转动。而普通的感应电动机转动起来以后，如控制信号消失，往往仍在继续转动。

当电动机原来处于静止状态时，如控制绕组不加控制电压，此时只有励磁绕组通电产生脉动磁场。可以把脉动磁场看成两个圆形旋转磁场，这两个圆形旋转磁场以同样的大小和转速，向相反方向旋转，所建立的正、反转旋转磁场分别切割笼形绕组并感应出大小相同、相位相反的电动势和电流（或涡流），这些电流分别与各自的磁场作用产生的力矩大小相等、方向相反，合成力矩为零，伺服电动机转子转不起来。一旦控制系统有偏差信号，控制绕组就要接受与之相对应的控制电压。在一般情况下，电动机内部产生的磁场是椭圆形旋转磁场。一个椭圆形旋转磁场可以看成是由两个圆形旋转磁场合成起来的。这两个圆形旋转磁场幅值不等（与原椭圆旋转磁场转向相同的正转磁场大，与原转向相反的反转磁场小），但以相同的速度，向相反的方向旋转。它们切割转子绕组感应的电势和电流以及产生的电磁力矩方向相反、大小不等（正转者大，反转者小），合成力矩不为零，所以伺服电动机就朝着正转磁场的方向转动起来，随着信号的增强，磁场接近圆形。此时，正转磁场及其力矩增大，反转磁场及其力矩减小，合成力矩变大，如负载力矩不变，转子的速度就增加。如果改变控制电压的相位，即移相 180°，旋转磁场的转向相反，因而产生的合成力矩方向也相反，伺服电动机将反转。若控制信号消失，只有励磁绕组通入电流，伺服电动机产生的磁场将是脉动磁场，转子很快地停下来。

为使交流伺服电动机具有控制信号消失、立即停止转动的功能，把它的转子电阻做得特别大，使它的临界转差率大于 1。在电动机运行过程中，如果控制信号降为"零"，励磁电流仍然存在，气隙中产生一个脉动磁场，此脉动磁场可视为正向旋转磁场和反向旋转磁场的合成。一旦控制信号消失，气隙磁场转化为脉动磁场，它可视为正向旋转磁场和反向旋转磁场的合成，电动机即按合成特性曲线运行。由于转子的惯性，运行点由一点移到另一点，此时电动机产生了一个与转子原来转动方向相反的制动力矩。在负载力矩和制动力矩的作用下使转子迅速停止。

必须指出，普通的两相和三相异步电动机正常情况下都是在对称状态下工作，不对称运行属于故障状态。而交流伺服电动机则可以靠不同程度的不对称运行来达到控制目的。这是交流伺服电动机在运行上与普通异步电动机的根本区别。

伺服电动机内部转子的永磁铁，利用电源形成电磁场，转子在此磁场的作用下转动，同时电动机自带的编码器反馈信号给驱动器，驱动器根据反馈值与目标值进行比较，调整转子转动的角度。伺服电动机的精度决定于编码器的精度（线数）。

1．伺服电动机的 3 个环路

伺服电动机的三环控制如图 2-1 所示。

图 2-1　伺服电动机的三环控制

（1）电流环

伺服电动机在驱动时由于负载的关系而产生扭矩的缘故，使得流进电动机的电流增大，一旦流进电动机的电流过大就会造成电动机烧毁的情形。为防止此情形发生，在电动机的输出位置加入电流感测装置，当电动机电流超过一定电流时，切断伺服驱动器以保护电动机。

（2）速度环

此环是用来检测电动机的旋转速度是否符合指令旋转速度，相对于控制装置所提供的指令，速度环控制电动机的旋转速度。

（3）位置环

此环路是用来检测由控制器所输出位置控制指令之后，伺服电动机是否移动至指令位置。相对于位置指令值，当检测值过大或过小时，控制伺服电动机移动其误差值的部分，达到定位的目的。

2．控制系统的构成

（1）开环控制（见图 2-2）

图 2-2　开环控制

（2）半闭环控制（见图 2-3）

图 2-3　半闭环控制

（3）闭环控制（见图2-4）

图 2-4 闭环控制

3. 控制模式（见图2-5）

图 2-5 伺服电动机的控制模式

（1）转矩控制

转矩控制方式是通过外部模拟量的输入或直接的地址的赋值来设置电动机轴对外的输出转矩的大小，具体表现为，例如 10 V 对应 5 N·m，当外部模拟量设置为 5 V 时，电动机轴输出为 2.5 N·m，如果电动机轴负载低于 2.5 N·m 时电动机正转，当外部负载等于 2.5 N·m 时，电动机不转，大于 2.5 N·m 时电动机反转（通常在有重力负载情况下产生）。可以通过即时改变模拟量的设置来改变设置的力矩大小，也可以通过通信方式改变对应的地址的数据来实现。转矩控制主要应用于对材质的受力有严格要求的场合，例如，绕线装置、拉光纤设备等。转矩的设置要根据缠绕的半径的变化随时更改以确保材质的受力不会随着缠绕半径的变化而改变。

（2）速度控制

速度控制主要是通过模拟量的输入或脉冲的频率都可以进行转动速度的控制，在有上位控制装置的外环 PID 控制时，速度模式也可以进行定位，但必须把电动机的位置信号或直接负载的位置信号给上位反馈以做运算用。

（3）位置控制

位置控制主要是通过外部脉冲的频率确定转动速度的大小，通过外部脉冲的个数来确定转动角度，也有些伺服可以通过通信方式直接对速度和位移进行赋值。由于位置控制可以对速度和位置都有很严格的控制，所以一般应用于定位装置。多应用于数控机床、印刷机械等。

2.2 永磁同步伺服电动机

2.2.1 永磁同步伺服电动机的结构与分类

永磁同步电动机分类比较多，按工作主磁场方向的不同，可分为径向磁场式和轴向磁场式；按电枢绕组位置的不同，可分为内转子式（常规式）和外转子式；按转子上有无启动绕组，可分为无启动绕组的电动机（常称为调速永磁同步电动机）和有启动绕组的电动机（常称为异步启动永磁同步电动机）；按供电电流波形的不同，可分为矩形波永磁同步电动机和正弦波永磁同步电动机（简称为永磁同步电动机）。异步启动永磁同步电动机用于频率可调的传动系统时，形成一台具有阻尼（启动）绕组的调速永磁同步电动机。

永磁同步伺服电动机由定子、转子和端盖等部件组成。永磁同步伺服电动机的定子与异步伺服电动机定子结构相似，主要是由硅钢片、三相对称绕组、固定铁芯的机壳及端盖部分组成。对其三相对称绕组输入三相对称的空间电流可以得到一个圆形旋转磁场，旋转磁场的转速称为同步转速，即 $n=60f/p$，f 为定子电源频率，p 为电动机的磁极对数。

永磁同步伺服电动机的转子由磁性材料组成，如钕铁硼等永磁稀土材料，不再需要额外的直流励磁电路。这样的永磁稀土材料具有很高的剩余磁通密度和很大的矫顽力，加上它的磁导率与空气磁导率相仿，对于径向结构的电动机交轴（q 轴）和直轴（d 轴）磁路磁阻都很大，可以在很大程度上减少电枢反应。永磁同步电动机转子按其形状可以分为两类：凸极式永磁同步电动机和隐极式永磁同步电动机，如图 2-6 所示。凸极式将永久磁铁安装在转子轴的表面，因为永磁材料的磁导率很接近空气磁导率，所以在交轴（q 轴）和直轴（d 轴）上的电感基本相同。隐极式转子则是将永久磁铁嵌入到转子轴的内部，因此交轴电感大于直轴电感，且除了电磁转矩外，还存在磁阻转矩。

（a）凸极式电动机转子　　　　　　　（b）隐极式电动机转子

图 2-6 永磁同步电动机转子类型

为了使得永磁同步伺服电动机具有正弦波感应电动势波形，其转子磁钢形状呈现抛物线状，使其气隙中产生的磁通密度尽量呈正弦分布。定子电枢采用短距分布式绕组，能最大限度地消除谐波磁动式。

转子磁路结构是永磁同步伺服电动机与其他电动机最主要的区别。转子磁路结构不同，电动机的运行性能、控制系统、制造工艺和适用场合也不同。按照永磁体在转子上位置的不同，永磁同步伺服电动机的转子磁路结构一般可分为表面式、内置式和爪极式。

表面式转子磁路结构这种结构中，永磁体通常呈瓦片行，并位于转子铁芯的外表面，永磁体提供磁通的方向为径向，且永磁体外表面与定子铁芯内圆之间一般仅套上一个起保护作用的非磁性圆筒，或在永磁磁极表面包以无纬玻璃丝带做保护层。有的调速永磁同步电动机的永磁磁极用许多矩形小条拼装成瓦片行，能降低电动机的制造成本。

表面式转子磁路结构又分为凸出式和插入式两种，如图 2-7 所示。对采用稀土永磁的电动机来说，永磁材料的相对恢复磁导率接近 1，所以表面凸出式转子在电磁性能上属于隐极转子结构；而在表面插入式转子的相邻两永磁磁极间有着磁导率很大的铁磁材料，故在电磁性能上属于凸极转子结构。

（a）凸出式　　　　　（b）插入式

图 2-7　表面式转子磁路结构

表面式转子磁路结构的制造工艺简单、成本低、应用较为广泛，尤其适于矩形波永磁同步电动机，但因转子表面无法安放启动绕组，无异步启动能力，故不能用于异步启动永磁同步电动机。

1. 内置式转子磁路结构

这类结构的永磁体位于转子内部，永磁体外表面与定子铁芯内圆之间有铁物质支撑的极靴，极靴中可以放置铸铝笼或铜条笼，起阻尼或启动作用，动稳态性能好，广泛用于要求异步启动能力或动态性能高的永磁同步电动机。内置式转体内的永磁体受到极靴的保护，其转子磁路结构的不对称性所产生的磁阻转矩有助于提高电动机的过载能力和功率密度，而且易于"弱磁"扩速，按永磁体磁化方向与转子旋转方向的相互关系，内置式转子磁路结构又可分为径向式、切向式和混合式 3 种。

（1）径向式

这类的优点是漏磁系数小、轴上不需要采取隔磁措施，极弧系数易于控制，转子冲片机机械强度高，安装永磁体后转子不易变形。

（2）切向式

漏极系数较大，并且需采用相应的隔离措施，电动机的制造工艺和制造成本较径向式结构有所增加。其优点在于一个极距下的磁通由相邻两个磁极并联提供，可得到更大的每极磁通，尤其当电动机极数较多、径向式结构不能提供每极磁通时，这种结构的优势更为突出。此外，采用切向式转子结构的永磁同步电动机磁阻转矩在电动机总电磁转矩中的比例可达 40%，这对充分利用磁阻转矩，提高电动机功率密度和扩展电动机的恒功率运行范围很有利。

（3）混合式

它集中了径向式和切向式转子结构的优点，但其结构和制造工艺复杂，制造成本也比较高，混合式转子磁路结构，需采用非磁性轴或隔离铜套，主要应用于采用剩磁密度较低的铁氧体等永磁材料的永磁同步电动机。

2．爪极式转子磁路结构

爪极式转子结构通常由两个带爪的法兰和一个圆环形的永磁体构成，其结构示意图如图 2-8 所示。左右法兰的爪数相同，且两者的爪极互相错开，沿圆周均匀分布，永磁体轴向充磁，因而左右法兰的爪极形成极性相异、相互错开的永磁同步电动机的磁极。爪极式转子结构永磁同步电动机的性能较低，且不具备异步启动能力，但结构与工艺较为简单。

图 2-8　爪极式转子磁路结构

3．隔离措施

如前所述，为不使电动机中永磁体的漏极系数过大而导致永磁材料利用率较低，应注意各种转子结构的隔离措施。切向式转子结构的隔离措施一般采用非磁性铂或在轴上加隔离铜套，这使得电动机的制造成本增加，制造工艺变的复杂。近年来，研制出了采用空气隔磁加隔磁桥的新技术，并取得了一定的效果。但是，当电动机容量较大时，这种结构使得转子的机械强度显得不足，电动机可靠性下降。

2.2.2　永磁同步伺服电动机交流伺服系统

交流伺服电动机由于克服了直流伺服电动机存在电刷与机械换向器带来的各种限制，因此在工厂自动化（FA）中得到了广泛应用，在异步笼形交流伺服电动机和同步交流伺服电动机这两种类型中，目前，在数控机床、工业机器人等小功率应用场合，转子采用永磁材料的同步伺服电动机驱动获得了比前者更为广泛的应用。这主要是因为现在永磁材料的性能不断提高，价格不断下降，控制相对异步电动机来说也比较简单，容易实现高性能的优良控制。

1．永磁同步电动机伺服系统

（1）永磁同步伺服电动机

永磁同步伺服电动机主要由转子和定子两大部分组成，如图 2-9 所示。在转子上装有特殊形状的永磁体，用于产生恒定磁场。转子上的永磁材料可以采用铁氧体或稀土永磁材料。高性能而价格适宜的永磁材料，为提高电动机的伺服性能和实用化提供了条件。由于转子上没有励磁绕组，由永磁体产生磁场，因而不需要引入励磁电流，电动机内部发热只取决于电枢电流。在电动机的定子铁心上饶有三相电枢绕组，接在可控制的变频电源上。在结构上，定子铁芯直接裸露于外界空间，因此散热情况良好，也使电动机易于实现小型化和轻量化。

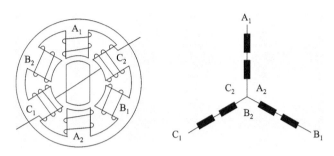

图 2-9　转子和定子

（2）速度和位置传感器

为检测电动机的实际运行速度，通常在电动机轴的非负载端安装速度传感器，如测速发电动机。为了进行位置控制同时也装有位置传感器，如光电编码器。对于永磁同步伺服电动机来说，还必须装有转子永磁体的磁极位置检测器，检测出磁极位置，并以此为依据使电枢电流实现正交控制。实际上，检测电动机的转子旋转速度、磁极位置和系统的定位控制这 3 种功能可用一个光电编码器或旋转变压器来完成，至少一个检测器需要完成两种可能。多种功能用一个传感器来实现，可以减小电动机的轴向尺寸，并能简化控制和安装。

（3）功率逆变器和 PWM 生成电路

功率逆变器主要由整流器和逆变器两部分组成。整流器将输入的三相交流电整流成直流电，经过电容器滤波平滑后提供给逆变器作为它的直流输入电压，逆变器的作用是在 PWM（脉冲宽度调制）控制信号的驱动下，将输入的直流电变成电压与频率可调的交流电，输入到伺服电动机的电枢绕组中。PWM 回路以一定的频率产生出触发功率器件的控制信号，使功率逆变器的输出频率和电压保持协调关系，并使流入电枢绕组中的交流电流保持良好的正弦性。

（4）速度控制器和电流控制器

一般情况下，速度控制器为 PI（比例-积分）控制规律，它的输出为电流指令（直流量）。速度控制器的作用主要是为了能进行稳定的速度控制，以使其在定位时不产生振荡。当然，在伺服控制系统中，为了进行位置控制，要求速度环能有快速响应速度指令的能力，并且在稳态时具有良好的特性硬度，对各种扰动具有良好的抑制作用。

电流控制器作为速度环的内环，它在入口综合电流指令信号和反馈信号，使电枢绕组中的电流在幅值和相位上都得到有效控制，完成与磁通矢量的正交或弱磁高速控制。电流控制器通常也采用 PI 控制规律，要求它具有更高的快速性，以适应对电流瞬时值跟踪控制的要求。

2．特点

（1）永磁同步伺服电动机的特点：

① 功率因素高、效率高。

② 结构简单、运行可靠。

③ 体积小、重量轻、损耗小。

（2）和其他种类的电动机相比：

① 和直流电动机相比，没有直流电动机的换向器和电刷等。

② 和异步电动机相比，由于它不需要无功励磁电流，因而效率高，力矩惯量比大，定子电流和定子电阻损耗减小，且转子参数可测、控制性能好。

③ 和普通同步电动机相比，它省去了励磁装置，简化了结构，提高了效率，可达到通电励磁电动机所无法比拟的高性能（如特高效、特高速、特高响应速度）。

④ 和开关磁阻（SR）电动机相比，它没有低速转矩脉动大的问题，早已实现了低速稳定运行，因此适合快速、高精度的控制场合。

⑤ 和无刷直流永磁同步电动机（BLDCM）相比，它在高精度伺服驱动中更有竞争力。

3. 应用

我国是盛产永磁材料的国家，特别是稀土永磁材料钕铁硼资源在我国非常丰富，稀土矿的储藏量为世界其他各国总和的 4 倍左右，号称"稀土王国"。稀土永磁材料和稀土永磁电动机的科研水平都达到了国际先进水平。因此，对我国来说，永磁同步电动机有很好的应用前景。充分发挥我国稀土资源丰富的优势，大力研究和推广应用以稀土永磁电动机为代表的各种永磁电动机，对实现我国社会主义现代化具有重要的理论意义和实用价值。

随着永磁体性能的提高和价格的下降，以及由永磁取代绕线式转子中的励磁绕组所带来的一系列优点如转子无发热问题、控制系统简单、具有较高的运行效率和较高的运行速度等，永磁同步伺服电动机在数控机床、机器人等小功率应用场合，已获得了广泛应用。

近年来，随着永磁材料性能的不断提高和完善，特别是钕铁硼永磁的热稳定性和耐腐蚀性的改善和价格的逐步降低以及电力电子器件的进一步发展，加上永磁电动机研究开发经验的逐步成熟，经大力推广和应用已有研究成果，使永磁电动机在国防、工农业生产和日常生活等方面获得越来越广泛的应用，正向大功率化（高转速、高转矩）、高功能化和微型化方向发展。目前，稀土永磁电动机的单台容量已超过 1 000 kW，最高转速已超过 300 000 r/min，最低转速低于 0.01 r/min，最小电动机的外径只有 0.8 mm，长 1.2 mm。

2.3　测量系统基本原理

人类处在一个广大的物质世界中，面对着众多的测量对象和测量任务，被测的量千差万别，种类各异。但根据被测的物理量随时间变化的特性，可总体分为静态量和动态量。静态量是指那些静止的或缓慢变化的物理量，对这些物体的测量称为静态测量；动态量是指随时间快速变化的物理量，对这类物理量的测量称为动态测量。本书的主要研究对象为运动物体，并且是运动量的动态测量，需要相应的动态测量理论、方法和元器件。

一个测量或测试系统总体上可用图 2-10 所示的原理方框图来描述。

图 2-10 测量系统原理框图

若以信息流的过程来划分，现代检测系统的各个组成可分为：信息的获取部分（敏感元件或传感器）、信息转换单元、信息传输与通信单元（通信）、信息处理与控制单元。它们之间的关系如图 2-11 所示。

图 2-11 检测系统的结构示意图

在上述测试系统中，用来获取信息的传感器或敏感元件是第一个环节，对于运动控制系统而言，它就是一个把待测量（位移、速度、加速度、力等）变换成某种电信号的装置，传感器能否获取信息和获取信息是否正确，关系到整个测量或整个控制系统的成败与精度。如果传感器的误差很大，其后测量电路、放大器、指示仪和执行器的密度再高、可靠性再好，也将难以提高整个系统的性能和精度。

在图 2-11 所示的系统中，检测系统为了完成所需求的功能，需要将传感器输出的信号做进一步转换，即变换成适合于测量并且要求它应当保存着原始信号中所包含的全部信息，完成这样功能的环节称之为信息转换单元。在此单元中，把从传感器来的信号滤波、放大、进行电平调节和量化。从传感器来的信号往往很微弱并常常混有有害的噪声，如果这些噪声处于有用信号之外，则可以考虑用模拟滤波器予以清除，从而提高信噪比；如果噪声是与信号频谱交叠的弱信号，可以考虑用相干检测或取样积分的方法等提取有用信息。

信息处理与控制单元是检测系统的核心，现代检测的标志是自动化和智能化。现代检测系统用计算机完成数据处理，可以实现误差分析以提高系统的性能，进行自动补偿、自动校准、自诊断；并通过信号处理实现快速算法、数字滤波、信号卷积、相关分析、频谱分析、传递函数计算、图像处理或进一步的分析、推理、判断等。这不仅大大减少了测量过程中各种误差的影响，提高了精度，而且信号处理功能的实现也扩展了测量系统的功能的测量范围，进一步发展可能达到具有自学习、理解、分析推理、判断和决策的能力。

随着微电子技术的发展，将传感器与信号调理电路集成为一体化的芯片已经出现。

信息获取单元（传感器）、信号调理与 A/D 转换单元、信息处理单元（计算机）的实现形式，如图 2-12 所示。当检测信号量大或检测的种类多、范围大时，则需要将多个这种基本形式连接起来，并要求实现信息的传输、集中和共享，此任务由通信单元完成。

图 2-12　检测系统的基本形成

通信部分完成测量装置间或测量装置与其他环节间的信息传输，追求快速性和有效性，并包括物理实体的接口、传输线或其他介质及通信规律等。通信接口有串行和并行之分，也有同步和异步之别，由传输信息的要求和装置间具体条件来确定。

2.4　编　码　器

为了达到伺服的目的，在电动机输出轴同轴装上编码器。电动机与编码器为同轴旋转，电动机转一圈编码器也转一圈；转动的同时将编码器信号送回驱动器，驱动器根据编码信号判断伺服电动机转向、转速、位置是否正确，据此调整驱动器输出电源频率及电流大小。也可采用 SOLVE（角传感器）的元件，但其目的相同，对用户而言基本没有什么差异。从物理介质的不同来分，伺服电动机编码可分为光电编码器和磁电编码器，另外旋转变压器也算一种特殊的伺服编码器，市场上使用的基本是光电编码器。

2.4.1　编码器原理

伺服编码器的基本功能与普通编码器是一样的，比如增量型的有 A+、A-、B+、B-、Z+、Z-等信号。除此之外，伺服编码器还有着与普通编码器不同的地方，那就是伺服电动机多数为同步电动机，同步电动机启动时需要转子的磁极位置，这样才能够大力矩启动伺服电动机，这就需要另外配几路信号来检测转子的当前位置，比如增量型的就有 U、V、W 等信号，正因为有了这几路检测转子位置的信号，伺服编码器显得有点复杂，以至于一般人弄不懂它的道理，加上有些厂家故意遮掩一些信号，相关的资料不齐全，就更加增添了伺服电动机编码器的神秘色彩。

由于 A、B 两相相差 90°，可通过比较 A 相在前还是 B 相在前，以判别编码器的正转和反转，通过零位脉冲，可获得编码器的零位参考位。

编码器码盘的材料有玻璃、金属、塑料，玻璃码盘是在玻璃上沉积很薄的刻线，其热稳定性好，精度高；金属码盘有通和不通刻线，不易碎，但由于金属有一定的厚度，精度就有限制，其热稳定性就要比玻璃的差一个数量级；塑料码盘比较经济，其成本低，但精度、热稳定性、寿命均要差一些。

分辨率是指编码器以每旋转 360°提供多少的通或暗刻线。又称解析分度或直接称多少线，一般在每转分度 5～10 000 线。

2.4.2 输出信号

输出信号有以下几种方式：

① OC 输出：就是平常说的晶体管输出，连接需要考虑输入阻抗和电路回路问题。

② 电压输出：其实也是 OC 输出的一种格式，不过内置了有源电路。

③ 推挽输出：接口连接方便，不用考虑 NPN 和 PNP 问题。

④ 差动输出：抗干扰好，传输距离远，大部分伺服编码器采用这种输出。

2.4.3 分类

增量编码除了普通编码器的 A、B、Z 信号外，增量型伺服编码器还有 U、V、W 信号，国产和早期的进口伺服电动机大都采用这样的形式，线比较多。

增量式编码器在转动时输出脉冲，通过计数设备来知道其位置，当编码器不动或停电时，依靠计数设备的内部记忆来记住位置。这样，当停电后，编码器不能有任何移动，当来电工作时，编码器输出脉冲过程中，也不能有干扰而丢失脉冲，否则，计数设备记忆的零点就会偏移，而且这种偏移的量是无人知道的，只有错误的生产结果出现后才能知道。

解决的方法是增加参考点，编码器经过参考点，将参考位置修正进计数设备的记忆位置。在参考点以前，是不能保证位置的准确性的。为此，在工控中就有每次操作先找参考点，开机找零等方法。

比如，打印机扫描仪的定位就是用的增量式编码器原理，每次开机，都能听到劈哩劈啪的一阵响，它在找参考零点，然后才工作。

这样的方法对有些工控项目比较麻烦，甚至不允许开机找零（开机后就要知道准确位置），于是就有了绝对编码器的出现。

绝对型旋转光电编码器，因其每一个位置绝对唯一、抗干扰、无须掉电记忆，已经越来越广泛地应用于各种工业系统中的角度、长度测量和定位控制。

绝对编码器光码盘上有许多道刻线，每道刻线依次有 2 线、4 线、8 线、16 线……编排，这样在编码器的每一个位置，通过读取每道刻线的通、暗，获得一组从 2 的零次方到 2 的 $n-1$ 次方的唯一的二进制编码，就称为 n 位绝对编码器。这样的编码器是由码盘的机械位置决定的，它不受停电、干扰的影响。

绝对编码器由机械位置决定每个位置的唯一性，它无须记忆，无须找参考点，而且不用一直计数，什么时候需要知道位置，什么时候就去读取它的位置。这样，大大提高了编码器的抗干扰特性、数据的可靠性。

由于绝对编码器在定位方面明显地优于增量式编码器，已经越来越多地应用于伺服电动机上。绝对型编码器因其高精度，输出位数较多，如仍用并行输出，其每一位输出信号必须确保连接很好，对于较复杂工况还要隔离，连接电缆芯数多，由此带来诸多不便并降低了可靠性，因此，绝对编码器在多位数输出时，一般均选用串行输出或总线型输出。

2.4.4 从单圈绝对式编码器到多圈绝对式编码器

旋转单圈绝对式编码器，在转动中测量光码盘各道刻线，以获取唯一的编码，当转动超过 360° 时，编码又回到原点，这样就不符合绝对编码唯一的原则，这样的编码器只能用于旋转范围 360° 以内的测量，称为单圈绝对式编码器。如果要测量旋转超过 360° 的范围，就要用到多圈绝对式编码器。

编码器生产厂家运用钟表齿轮机械的原理，当中心码盘旋转时，通过齿轮传动另一组码盘（或多组齿轮、多组码盘），在单圈编码的基础上再增加圈数的编码，以扩大编码器的测量范围，这样的绝对编码器就称为多圈式绝对编码器，它同样是由机械位置确定编码，每个位置编码唯一不重复，而无须记忆。

多圈编码器另一个优点是由于测量范围大，实际使用往往富裕较多，这样在安装时不必要费劲找零点，将某一中间位置作为起始点就可以了，从而大大简化了安装调试难度。多圈式绝对编码器在长度定位方面的优势明显，应用比较广泛。

绝对式码盘器是通过读取轴上码盘的图形来表示轴的位置的。码制可选用二进制码、BCD 码或循环码。

1. 二进制码盘

在二进制码盘中，外层为最低位，里层为最高位。从外往里按二进制刻制，轴的位置和数码的对照表见表 2-1 所示。在码盘转动时，可能出现 2 位以上的数字同时改变，导致"粗大误差"的产生。例如，当数据由 0111（十进制 7）变到 1000（十进制 8）时，由于光电管排列不齐或光电管特性不一致，就有可能导致高位偏移，本来是 1000，结果变成了 0000，形成"粗大误差"。为克服这一缺点，在二进制或 BCD 码盘中，除最低位外，其余均由双层光电管组成双读出端，进行"选读"。当最低位由"1"转为"0"时，应当进位，读超前光电管；由"0"转为"1"时，不应进位，则读滞后光电管，这时除最低位外，对应于其他各位的读数不变。

表 2-1　光电编码盘轴位和数码对照表

轴的位置	二进制码	循环码	轴的位置	二进制码	循环码
0	0000	0000	8	1000	1100
1	0001	0001	9	1001	1101
2	0010	0011	10	1010	1111
3	0011	0010	11	1011	1110
4	0100	0110	12	1100	1010
5	0101	0111	13	1101	1011
6	0110	0101	14	1110	1001
7	0111	0100	15	1111	1000

2. 循环格雷码（格雷码盘）

格雷码盘的特点是在相邻两扇面之间由一个码发生变化，因而当读数改变时，只有一个光电管处在交界面上。即使发生读错，也只有最低一位的误差，不会产生"粗大误差"。此外，循环码表示最低的区段宽度要比二进制码盘宽一倍，这也就是它的优点。其缺点是不能直接进行二进制算数运算，在运行前必须先通过逻辑电路转换成二进制编码。循环码如图 2-13 所示，轴位和数码的对照表也列于表 2-1 中。

图 2-13　绝对式光电编码器循环编码盘

光电编码盘的分辨率为 $360°/N$，对于增量式码盘，N 是旋转一周的计数总和。对于绝对式码盘 $N=2^n$，n 是输出子的位数。粗精结合码盘分辨率已能达到 $1/2^{20}$，如果码盘制造非常精确，则编码精度可达到量化误差。可见，光电编码盘用作位置检测时可以大大提高测量精度。

2.5　旋转变压器

旋转变压器（Rotational Transformer 或 Resolve）又称同步分解器，是一种电磁式传感器，是一种精密的测位用的机电元件，其输出电信号与转子转角成某种函数关系。旋转变压器也是一种测量角度用的小型交流电动机，属自动控制系统中的精密感应式微电动机中的一种，主要用来测量旋转物体的转轴角位移和角速度，外形如图 2-14 所示。

图 2-14　旋转变压器

旋转变压器是一种精密的角度、位置、速度检测装置，适用于所有使用的旋转变压器的场合，特别是高温、严寒、潮湿、高速、强振动等旋转编码器无法正常工作的场合。因此，旋转变压器凭借自身具有的特点，可完全替代光电编码器，广泛应用在伺服控制系统、机器人系统、机械工具、汽车、电力、冶金、纺织、电子、轻工、航空航天等行业的角度、位置检测系统中。也可用于坐标变换、三角运算和角度数据传输以及作为两相移相器用在角度-数字转换装置中。

旋转变压器作为一种最常用的转角检测元件，结构简单，工作可靠，且其精度能满足一般的检测要求，广泛应用在各类数控机床上，例如镗床及回转工作台。

2.5.1 旋转变压器的用途

旋转变压器由定子和转子组成，其中定子绕组作为变压器的一次（原边）绕组，接收励磁电压，励磁频率通常为 400 Hz、3 000 Hz、及 5 000 Hz 等。转子绕组作为变压器的二次（副边）绕组，通过电磁耦合得到感应电压。

旋转变压器是一种输出电压随转子转角变化的信号元件。当励磁绕组以一定频率的交流电激励时，输出绕组的电压大小及相位可与转角成正余弦函数、线性关系，采用不同的结构或在一定的范围内可以成其他各种函数的关系。例如，制成圆函数、锯齿波函数等特种用途的旋转编码器。为了获得这些函数关系，通常使定子、转子具有一个最佳的匝数比和对定子绕组、转子绕组采用不同的连接方式来实现。

按输出电压和转子转角间的函数关系不同，旋转变压器主要可分为正余弦旋转变压器（代号为 XZ）、线性旋转变压器（代号为 XX）、比例式旋转变压器（代号为 XL）、矢量旋转变压器（代号为 XS）及特殊函数旋转变压器等。其中，正余弦旋转变压器当定子绕组外加相电流励磁时其输出电压与转子转角成正余弦函数关系；线性旋转变压器的输出电压在一定转角范围内与转角成正比，线性旋转变压器按转子结构又分成隐极式和凸极式两种；比例式旋转变压器则在结构上增加了一个固定转子位置的装置，其输出电压也与转子转角成比例关系。

按旋转变压器在系统中的用途可分为解算用旋转变压器和数据传输用旋转变压器。解算用旋转变压器在解算装置中可作为函数的解算之用，实现坐标变换、三角运算，故也称为解算器。数据传输用旋转变压器在同步随动系统及数字随动系统中可用于传递转角或电信号实现远距离测量、传输或再现一个角度。根据数据传输用旋转变压器在系统中的具体用途，又可分为旋变发送机（代号为 XF）、旋转差动发送机（代号 XC）、旋转变压器（又称旋转接收器，代号为 XB）。

若按电动机极数的多少来分，常见的旋转变压器一般有两级绕组和四级绕组两种结构形式。两极绕组旋转变压器的定子和转子各有一对磁极，四极绕组则有两对磁极，主要用于高精度的检测系统。除此之外，还有多极式旋转变压器，用于高精度绝对式检测系统。

若按有无电刷与滑动接触来分类，旋转变压器可分为接触式和无接触式两大类，如图 2-15、图 2-16 所示。其中无接触式旋转变压器，无电刷和滑环的滑动接触，运行可靠，抗振动，适应恶劣环境。

图 2-15　接触式旋转变压器

图 2-16　无接触式旋转变压器

　　旋转变压器的工作原理和一般变压器基本相似，从物理本质上来看，旋转变压器可以看成是一种能转动的变压器。区别是普通变压器的一次绕组、二次绕组耦合位置固定，所以输出电压和输入电压之比是常数，而旋转变压器的一次、二次绕组分别放置在定子和转子上。由于一次绕组、二次绕组间的电磁耦合程度将发生变化，电磁耦合程度与转子的转角呈线性关系。

　　旋转变压器的结构与绕线式异步电动机相似，定转子均由冲有齿和槽的电工钢片叠成，为了获得良好的电气对称性，以提高旋转变压器的精度，一般都设计成隐极式，定子、转子之间的气隙是均匀的。定子和转子槽中各布置两个轴线相互垂直的交流分布绕组。

　　旋转变压器的结构和工作原理与自整角电动机相似，区别在于旋转变压器定子和转子绕组通常是对称的两相绕组，分别嵌在空间相差 90° 电角度的槽中。自整角电动机的定子绕组则是三相对称绕组，转子上布置单相绕组或三相绕组。各种数据传输用旋转变压器在系统中的作用与相应的控制方式自整角电动机也相同。旋转变压器是精度较高的一类控制电动机，它的精度比自整角电动机还要高，其误差一般小于 0.03%，特殊的应不大于 0.05%。其定子绕组、转子绕组的感应电动势要按转角的正余弦关系变化，以满足输出电压和转角严格成正余弦关系。为此，要通过对绕组进行特殊的试验以及对整个电动机精密的加工才能达到上述要求。

对于线性旋转变压器，因为其工作转角有限，转子并非连续旋转而是仅转过一定角度，所以一般可用软导线直接将转子绕组引线固定的接线板上，即对于线性旋转变压器，可以省去滑环和电刷装置，结构简单。

近来旋转变压器的发展主要是解决满足数字化的要求，应用数字转换器件对旋转变压器输出互为正余弦关系的模拟信号进行采样，将其转换成数字信号，以便于各种微处理器进行处理。目前多用单片机控制，其目的是完成旋转变压器的数字化角度和长度测量显示，并达到比较高的精度水平。

2.5.2　正余弦旋转变压器

旋转变压器是由定子、转子两部分组成的。每一部分又有自己的电磁部分和机械部分，总的来说，它和两相绕线式异步电动机的结构更为相似，下面将对正余弦旋转变压器的典型结构和工作原理进行分析。

1. 正余弦旋转变压器的结构

为了使气隙磁通密度分布呈现正弦规律，获得在磁耦合和电气上的良好对称性，从而提高旋转变压器的精度，旋转变压器大多设计成两极隐极式的定子、转子的结构和定子、转子对称两套绕组。电磁部分仍由可导电的绕组和能导磁的铁芯组成，旋转变压器的定子、转子铁芯是采用导磁性能良好的硅钢片薄板冲成的槽状芯片叠装而成。为了提高精度，通常采用铁镍软磁合金或高硅电工钢等高磁导率材料，并采用频率为 400 Hz 的励磁电源。在定子铁芯的内周和转子铁芯外周上都冲有一定数量规格均匀的槽，里面分别放置两套空间轴线互相垂直的绕组，以便在运行时可以得到一次侧或二次侧补偿。

旋转变压器定子绕组和转子绕组都安装两套在空间互差 90°电角度、结构上完全相同的对称分布绕组，且导线截面、接线方式、绕组匝数都相同。定子上两套绕组分别称为定子励磁绕组（其引线端为 D_1-D_2）和定子交轴绕组（又称补偿绕组，其引线端为 D_3-D_4）。

在结构上，旋转变压器定子、转子基本和自整角电动机一样，定子绕组通过固定在壳体上的接线柱直接引出。注意，定子和转子之间的空气隙是均匀的。气隙磁场一般为两级，定子铁芯外圆是和机壳内圆过盈配合，机壳、端盖等部件起支撑作用，是旋转电动机的机械部分。

无集电环的旋转变压器称为无接触式旋转变压器，又称无刷式旋转变压器。其结构分为两大部分，即旋转变压器本体和附加变压器。附加变压器的一次、二次侧铁芯及其线圈均成环形，分别固定于转子轴和壳体上，经向留有一定的间隙。旋转变压器本体的转子绕组与附加变压器一次线圈连接在一起，在附加变压器一次线圈中的电信号，即转子绕组中的电信号，通过电磁耦合，经附加变压器二次线圈间接送出去。这种结构没有接触摩擦，避免了电刷与滑环之间的不良接触造成的影响，提高了旋转变压器的可靠性及使用寿命，避免了电刷与滑环之间的不良接触造成的影响，提高了旋转变压器的可靠性及使用寿命，但其体积、质量、成本均有所增加，若无特别说明，通常是指接触式，即有集电极旋转变压器。

2. 正余弦旋转变压器的工作原理

旋转变压器是一个能够转动的变压器，其定子绕组相当于普通变压器的一次线圈（励磁线圈），转子绕组相当于普通的变压器的二次线圈。在各定子绕组加上交流电压后，转子绕组中由于交链磁通的变化产生感应电压，感应电压和励磁电压之间相关联的耦合系数随转子的转角而改变。因此，根据测得的输出电压，就可以知道转子转角的大小。可以认为，旋转变压器是由随转角而改变且具有一定耦合系数的两个变压器构成的。可见，转子绕组输出电压幅值与励磁电压的幅值成正比，对励磁电压的相位移等于转子的转动角度，检测出相位，即可测出角位移。

但旋转变压器又区别于普通变压器，其区别在于一次侧（定子）、二次侧（转子）间有气隙，旋转变压器的二次线圈（输出线圈）可随转子的转动而改变其与定子线圈的相对位置，从而导致一次绕圈、二次线圈间的互感发生变化。

2.5.3 线性旋转变压器

1. 线性旋转变压器的结构

线性旋转变压器的结构与正余弦旋转变压器的结构基本上一致，主要是由定子、转子组成，绕组的形式也完全一样，定子、转子都由两相对称分布绕组组成，所不同的是转子、定子匝数比有一定的要求，且接线有所不同。

正余弦旋转变压器的输出电压与转角 α 是呈正余弦函数关系，但在某些情况下，要求旋转变压器输出电压在一定的范围内与转角 α 呈线性关系，即

$$U_S = K_s\alpha \tag{2-1}$$

式中，U_S 为线性旋转变压器的输出电压；K_s 为比例系数；α 为相对于初始状态的转角。

当角度 α 很小时，$\sin\alpha$ 和 α 近似相等，即 $\sin\alpha \approx \alpha$。因此，在转角很小时，正弦旋转变压器可以作为线性旋转变压器使用。当转角 α 小于 4.5° 时，输出电压相对于线性函数的偏差小于 0.1%，当转角 α 小于 14° 时，输出电压相对于线性函数的偏差小于 1%。

当要求在更大的范围内得到线性函数输出的电压时，简单地用正弦旋转变压器就不能满足了。这时就需要将旋转变压器的接线做相应的改变，使之得到如下输出电压：

$$U_S = \frac{U_f K_e \sin\alpha}{1 + K_e\cos\alpha} \tag{2-2}$$

式中，当 $K_e = 0.5$ 时，在 $\alpha = \pm37.4°$ 的范围内，输出电压 K_e 和转角 α 之间可保持线性关系。与理想的线性关系相比较，在 $\alpha = \pm37.4°$ 的范围内，其误差不会超过 0.1%，当 $K_e = 0.52$ 时，则线性误差不超过 0.1% 的范围可以扩大到 $\alpha = \pm60°$，U_f 为励磁电压。

2. 线性旋转变压器的工作原理

线性旋转变压器按图 2-17 所示的线路接线，可使旋转变压器的输出特性为式（2-1）所示的函数关系，此图为一次侧补偿的线性旋转变压器工作原理图。图中将定子的 D_1-D_2 绕组和转子的 Z_3-Z_4 绕组串联后接到电源作为变压器的一次线圈，Z_1-Z_2 绕组作为输出线圈并接有负载 Z_L，定子绕组 D_3-D_4 作一次侧补偿用，其中电源内阻抗且很小，故可将 D_3-D_4 绕组直接短路。下面来说明它的工作原理。

当旋转变压器按图 2-17 所示接线时，称为一次侧补偿的线性旋转变压器。设励磁绕组 D_1-D_2 的感应电动势为 E_f，余弦绕组电动势和正弦绕组电动势分别为：

$$E_c = K_e E_f \cos \alpha$$

$$E_s = K_e E_f \sin \alpha \qquad (2\text{-}3)$$

因为励磁绕组 D_1-D_2 与余弦绕组 Z_3-Z_4 相串联,余弦绕组等效于励磁绕组轴线上的匝数为 $W_r\cos\alpha$($W_c\cos\alpha$),所以可把 $W_f+W_r\cos\alpha$ 看成励磁绕组的等效匝数,故在励磁绕组轴线上的磁通 φ_m 在合成励磁绕组中的感应电动势为:

$$E_i = E_f + E_C = E_f + K_e E_f \cos \alpha \qquad (2\text{-}4)$$

当忽略绕组的漏阻扰压降时,励磁电压为:

$$U_f \approx E_f + K_e E_f \cos \alpha \qquad (2\text{-}5)$$

余弦输出绕组 Z_1-Z_2 的电动势仍为:

$$E_s \approx K_e E_f \sin \alpha \qquad (2\text{-}6)$$

由式(2-5)和式(2-6)可得出输出电动势与励磁电压之比为:

$$\frac{E_s}{U_f} = \frac{U_f K_e \sin \alpha}{1 + K_e \cos \alpha} \qquad (2\text{-}7)$$

忽略输出绕组漏阻抗压降时,输出电压为:

$$U_s = \frac{U_f K_e \sin \alpha}{1 + K_e \cos \alpha} \qquad (2\text{-}8)$$

根据式(2-8)可绘制输出电压与转子偏转角的关系曲线,称为线性旋转变压器的输出特性曲线,如图 2-18 所示,在比较大的范围内,输出电压和转子转角之间具有线性关系。当 $K_e=0.52$ 时,α 角可扩大到 $\alpha=\pm60°$ 范围内,输出电压 U_s 和 α 角保持线性,与理想线性函数相比,线性误差不超过 0.1% 范围。

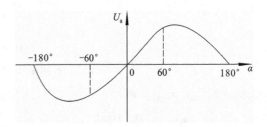

图 2-17 线性旋转变压器工作原理图 　　　　图 2-18 线性旋转变压器的输出特性

2.6 光 栅 尺

将光源、两块长光栅(动尺和定尺)、光电检测器件等组合在一起构成的光栅传感器通常称为光栅尺。光栅尺输出的是电信号,动尺移动一个栅距,输出电信号便变化一个周期,它是通过对信号变化周期的测量来测出动尺与定尺的相对位移。

计量光栅有长光栅和圆光栅两种,是数控机床和数显系统常用的检测元件,具有精度高、响应速度较快等优点。

光栅的基本工作原理

光栅位置检测装置由光源、透镜两块光栅（长光栅、短光栅）和光电元件等组成，如图 2-19 所示。

图 2-19 光栅位置检测装置的组成

1—光源；2—透镜；3—标尺光栅；4—指示光栅；5—光电元件

光栅就是在一块长方形的光学玻璃上均匀地刻上很多和运动方向垂直的线条。线条之间的距离（称为栅距）可以根据所需的精度决定，一般是每毫米刻 50、100、200 条线。

如果将指示光栅在其自身的平面内转过一个很小的角度 θ，这样两块光栅的刻线相交，则在相交处出现黑色条纹，称为莫尔条纹。由于两块光栅的刻线相等，即栅距 w 相等，而产生的莫尔条纹的方向和光栅刻线方向大致垂直，其几何关系如图 2-20 所示。当 θ 很小时，莫尔条纹的节距 W 为：$W=w/\theta$。

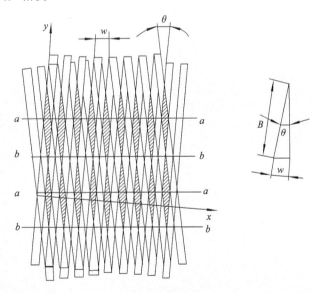

图 2-20 莫尔条纹形成原理

这表明莫尔条纹的节距是光栅栅距的 $1/\theta$ 倍，当标尺光栅移动时，莫尔条纹就沿垂直于光栅的移动的方向移动。当光栅移动一个栅距 w 时，莫尔条纹就相应准确地移动一个节距 w，也就是说两者要一一对应，所以只要读出移动莫尔条纹的数目，就可以知道光栅移过了多少个栅距，而栅距在制造光栅时是已知的，所以光栅的移动距离就可以通过电气系统自动地测量出来。

莫尔条纹的另一个特点，就是平均效应。因为莫尔条纹是由若干条光栅刻线组成，若光电元件接受长度为 10 mm，在 $w=1\,000$ mm 时，光电元件接受的信号是由 1 000 条刻线组成，如果是制造上的缺陷，比如间断地少几根线只会影响千分之几的光电效果。所以，用莫尔条纹测量长度，决定其精度的要素不是一根线，而是一组线的平均效应。其精度比单纯栅距精度高，尤其是重复精度有显著提高。

常用的检测装置有两种：图 2-21 所示为透射式光栅检测装置，图 2-22 为反射式光栅检测装置。Q 为光源、L 为聚光镜（L_1 和 L_2）、G_1 为主光栅、G_2 为指示光栅、P 为光电管、t 为栅距。

图 2-21　透射式光栅检测装置　　　　　　图 2-22　反射式光栅检测装置

2.7　磁　　尺

磁尺位置检测装置是由磁性标尺、磁头和检查电路组成，该装置构成示意图如图 2-23 所示。磁尺的测量原理类似于磁带的录音原理，是在非导磁的材料如铜、不锈钢、玻璃或其他合金材料的基础上镀一层磁性薄膜（常用 Ni-Co-P 或 Fe-Co 合金）。

图 2-23　磁尺位置检测装置框图

测量线位移时，不导磁的物体可以做成尺形（带形）；测量角位移时，可做成圆柱形。在测量前，先按标准尺度以一定间隔（一般为 0.05 mm）在磁性薄膜上录制一系列的磁信号。

这些磁信号就是一个个按 SN-NS-SN-NS…方向排列的小磁体，这时的磁性薄膜为磁栅，测量时，磁栅随位移而移动（或转动）并用磁头读取（感应）这些移动的磁栅信号，是磁头内的线圈产生感应正弦电动势。对这些电动势的频率进行计数，就可以测量位移。

磁性标尺制作简单，安装调整方便，对使用环境的条件要求较低，如对周围电磁场的抗干扰能力较强，在油污、粉尘较多的场合下使用有较好的稳定性。高精度的磁尺位置检测装置可用于各种测量机、精密机床和数控机床。

1. 磁性标尺

（1）平面实体型磁尺

磁头和磁性标尺（简称磁尺）之间留有间隙，磁头固定在带有板弹簧的磁头架上。磁尺的刚度和加工精度要求较高，因而成本相应较高。磁尺长度一般小于 600 mm，如果要测量较长的距离，可将若干磁尺接长后使用。

（2）带状磁尺

带状磁尺是在磷青铜带上镀一层 Ni-Co-P 合金磁膜，带宽为 70 mm，厚 0.2 mm，最大长度可达 15 m。磁带固定在用低碳钢做的屏蔽壳体内，并以一定的预紧力绷紧在框架或支架中，使其随同框架或机床一起胀缩，从而减小温度对测量精度的影响。磁头工作时与磁尺接触，因而有磨损，允许一定的变形，因此对机械部件的安装精度要求不高。

（3）线状磁尺

线状磁尺是在直径为 2 mm 的青铜丝上镀镍-钴合金或用永磁材料制成。线状磁尺套在磁头中间，与磁头同轴，两者之间具有很小的间隙。磁头是特制的，两磁头轴向相距 $\lambda/4$（λ 为磁化信号的节距）。由于磁尺包围在磁头中间，对周围电磁场起到了屏蔽作用，所以抗干扰能力强、输出信号大，系统检测精度高。但膨胀系数大，所以不宜做得过长，一般小于 1.5 mm。线状磁尺的机械结构可做得很小，通常用于小型精密数控机床。微型量仪或测量机上，其系统精度可达到 ± 0.002 mm/300 mm。

（4）圆形磁尺

圆形磁尺的磁头和带状磁尺的磁头相同，不同的是将磁尺做成磁盘或磁鼓形状，主要用来检测角位移。

近年来发明了一种粗刻度磁尺，其磁信号节距为 4 mm，经过 1/4、1/40 或 1/400 的内插细分，其显示值分别为 1、0.1、0.01 mm。这种磁尺制作成本低，调整方便，磁尺与磁头之间为非接触式，因而寿命长，适用于精度要求较低的数控机床。

2. 磁头

磁头是进行磁-电转换的变换器，把反映空间位置的磁信号转换为电信号输送到检测电路中。普通录音机上的磁头输出电压幅值与磁通变化率成比例。属于速度响应性磁头。根据数控机床的要求，为了在低速运动和静止时也能进行位置检测，必须采用磁通响应性磁头，这种磁头用软磁材料制成二次谐波调制器。

项目 ③ 伺服原理与系统

伺服系统是一个动态的随动系统，达到的稳态平衡也是动态的平衡，系统硬件大致由以下几部分组成，电源单元、功率逆变和保护单元、检测器单元、控制器单元、接口单元等，下面介绍一下主要单元的控制原理。

3.1 交流电的逆变

3.1.1 逆变电路的基本形式

逆变电路是将直流转换为频率可调的交流的电路。根据控制方式的不同，逆变控制主要有"电流控制型""电压控制型"与"PWM 控制型"3 种，其主要特点如表 3-1 所示。

表 3-1 逆变电路形式与主要特点

控制形式	电流控制型	电压控制型	PWM 控制型
主回路形式	整流 逆变 I_d M 3~	整流 逆变 E_d M 3~	整流 逆变 E_d M 3~
输出电压		E_d	E_d
输出电流	I_d		
整流要求	需要控制直流电流 I_d	需要控制直流电压 E_d	要求直流电压 E_d 恒定
直流母线	需要加滤波电抗器	需要加稳压电容器	需要加稳压电容器
逆变回路	频率控制	频率控制	频率、电压控制
制动形式	回馈控制	能耗制动器	能耗制动器
用途	无刷直流电动机控制	永磁同步电动机、感应电动机控制	

电流控制型与电压控制型逆变的共同特点：负载电流或电压的调节在整流电路或直流母线上的中间电路上实现，逆变环节只是进行频繁的控制。而 PWM 逆变则可以在逆变电路上同时进行电压调节与频率控制。

电流控制型与电压控制型逆变一般用于交通运输、矿山、冶金等行业的大型变频器，如高速列车、大型轧机等；常用的中小型机电设备控制用的变频器与交流伺服驱动器通常都采用 PWM 控制型逆变。

为了适应大型变频器的高压、大电流控制要求，电流控制型与电压控制型逆变器的逆变回路通常使用晶闸管；由于 PWM 控制型逆变器工作频率高，必须使用 IGBT（绝缘栅双极型晶体管）等可控关断电力电子器件。

3.1.2　电流控制型逆变器

电流控制型逆变器的控制框图如图 3-1 所示。

图 3-1　电流控制型逆变器的控制框图

电流控制型逆变器需要在直流母线上串联电感量较大的平波电抗器，整流部分可以看成是输出电流幅值保持 I_d 不变的电流源；电流源的输出通过逆变功率管的开关作用，以方波的形式分配给电动机。

电流控制型逆变器通过调节整流晶闸管触发角调节 I_d 大小，以实现控制电动机输出转矩的目的，这种逆变控制方式常用与定子电流为方波的大型交流同步电动机（如高速列车）的控制。

由于电动机绕组为感性负载，当电流为方波时，逆变输出的电压波形为近似的正弦波，但在换流的瞬间感性负载电流不能突变，将产生瞬间浪涌电压。为此，在高压、大电流控制的场合，需要在逆变输出回路增加浪涌电压吸收电容器。

为了控制电动机电压，电流型逆变器需要通过对逆变输出电压的检测构成电压闭环控制。电压调节器的输出作为 I_d 的电流给定，它与来自整流输入的电流反馈比较后，构成电流闭环。电流调节器的输出用来控制整流部分的晶闸管触发角，以改变电流幅值（见图 3-1）。

电流型逆变器与其他逆变方式比较，最大优点是电动机制动能量可以通过控制晶闸管触发角返回电网，实现回馈制动，如图 3-2 所示。

（a）电动状态　　　　　　　　　　　（b）制动状态

图 3-2　电流控制型逆变器的回馈制动

图 3-2 中，当系统工作在电动状态时，$U_d>E_d$，电能从电网输送到电动机；当制动时，通过控制晶闸管的触发角，使得$|-U_d|<|-E_d|$，电能从电动机回馈到电网。不论电流控制型逆变器在电动或是制动过程中，电流方向都不会改变，因此，逆变功率管上不需要续流二极管。

采用可控整流的电流型逆变器控制较复杂，但节能效果明显，通常用于大功率的驱动器。

3.1.3　电压控制型逆变器

电压控制型逆变器的控制框图如图 3-3 所示。

逆变器的整流部分可看成输出电压保持不变的电压源，电压控制型逆变器需要在直流母线上并联大电容器。直流电压可以通过逆变部分功率管的开关作用，以方波电压的形式分配给电动机。由于电动机绕组为感性负载，当电压为方波时，逆变输出的电流波形为近似的正弦波。

图 3-3　电压控制型逆变器的控制框图

电压控制型逆变器的调压同样需要在整流电路上实现，通过调节晶闸管触发角，可以改变母线电压 U_d 以控制电动机的电枢电压。

电压控制型逆变器的直流母线电容器不允许进行反向充电，因此，这种线路无法实现回馈制动。为了进行电动机制动，需要将制动过程中从电动机返回到直流母线上的能量以能耗制动的形式消耗，为此，逆变功率管上必须并联续流二极管，为电动机能量的返回提供通道，如图 3-4 所示。

电动机制动能量的返回将引起直流母线电压的显著提高，为了维持直流母线电压的恒定，必须在直流母线上增加图 3-4 所示的能耗制动单元。这一能耗制动单元可以为直流母线在电压升高时提供放电通道。

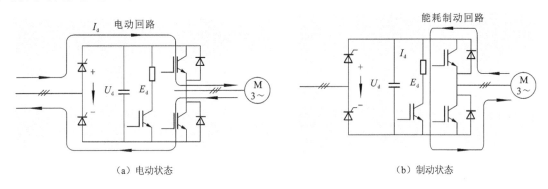

（a）电动状态   （b）制动状态

图 3-4 电压控制型逆变器的制动

从电动机制动的角度看，电流型逆变器进行的是回馈制动（又称再生制动），而电压型逆变器进行的是能耗制动，这是两者的重要区别。

电压型逆变器由于不需要进行回馈制动控制，其线路较简单，且直流母线上不需要大容量的电感，其体积与成本比电流型逆变器低。

在以上电压型逆变器上，为了调节直流母线的电压幅值，需要使用可控整流晶闸管进行调压，控制线路相对复杂。为此，实际使用时常采用图 3-5 所示的不可控整流加斩波管的 PAM 调压方式。

图 3-5 调幅可调的电压控制逆变器

PAM 调压是通过控制斩波管的通断改变输出电压幅值的调节方式，由于线路的电压调节以脉冲调制的形式实现，因此又称"脉冲幅值调制（Pulse Amplitude Modulation，PAM）"电压控制型逆变器。

PAM 调压的优点是整流回路无须对电压幅值进行控制，因此，可以多个逆变回路共用一套整流电路。即使对于电压幅值要求不同的逆变，仍然可以通过各自的 PAM 环节调整各自的电压。但其缺点是需要在整流与逆变之间多加一级斩波控制。

3.2 PWM 逆变原理

随着电子技术的发展，出现了多种 PWM 技术，其中包括：相电压控制 PWM、脉宽 PWM 法、随机 PWM/SPWM 法、线电压控制 PWM 等，它是把每一脉冲宽度均相等的脉冲列作为 PWM 波形，通过改变脉冲列的周期可以调频，改变脉冲的宽度或占空比可以调压，采用适当控制方法即可使电压与频率协调变化。可以通过调整 PWM 的周期、PWM 的占空比而达到控制充电电流的目的。

PWM（脉宽调制）是靠改变脉冲宽度来控制输出电压，通过改变周期来控制其输出频率。而输出频率的变化可通过改变此脉冲的调制周期来实现。这样，使调压和调频两个作用配合一致，且于中间直流环节无关，因而加快了调节速度，改善动态性能。由于输出等幅脉冲只需恒定直流电源供电，可用不可控整流器取代相控整流器，使电网侧的功率因数大大改善。利用 PWM 逆变器能够抑制或消除低次谐波。加上使用自关断器件，开关频率大幅度提高，输出波形可以非常接近正弦波。

3.2.1 PWM 逆变原理与特点

晶体管脉宽调制（Pulse Width Modulated，PWM）是一种通过电力电子器件的通/断将直流转换为一定形状的脉冲序列的技术。在交流调速系统中，这一脉冲序列可以用来等效代替正弦波。

在采用了 PWM 技术后，只要改变脉冲的宽度与分配方式，便可达到同时改变电压、电流的幅值与频率的目的，它是当前变频器与伺服驱动器都常用的控制方式。

与传统的晶闸管逆变方式相比，PWM 控制具有开关频率高、功率损耗小、动态响应快等优点，在交、直流电动机控制系统以及其他工业控制领域得到了极为广泛的应用，它是交流调速技术发展与进步的基础。

1. PWM 原理

PWM 逆变控制的关键是如何将直流电压（或电流）通过 PWM 转换为电动机控制所需的正弦波，为此，需要简单介绍 PWM 的基本原理。

根据采样控制理论，当面积（冲量）相等、形状不同的窄脉冲加到一个惯性关节上时，其产生的效果基本相同。这就是说，对于图 3-6（a）所示的脉冲电流加入到具有惯性特征的 RL（电阻/电感）电路或 RC 电路上，其输出响应基本相同。

根据这一原理，如果将矩形波（方波）进行 N 等分，便可用 N 个面积相等的窄脉冲进行等效。因此，如果窄脉冲的幅值保持不变，则可以通过改变窄脉冲的宽度来改变矩形波的幅值，这就是方波 PWM 调制或 PWM 直流调压（直流斩波）的基本原理。

同样，如果将图 3-7 所示的正弦波信号分为 N 等分，并将每一区域看成是一个宽度相等、幅值不同的窄脉冲[见图 3-7（a）]。这样的窄脉冲便可以由一列幅值相等但宽度不同，面积与等分区域相等的矩形脉冲串来等效代替，这就是正弦波 PWM 调试的基本原理。

图 3-6　直流调压原理

（a）等效窄脉冲　　　　　　　　　　　　　（b）正弦波调制波形

图 3-7　SPWM 调制原理

　　容易证明，这一等效脉冲串的宽度也需要按照正弦函数的规律进行变化，这样的波形称为 SPWM 波。

2．PWM 逆变的特点

　　采用了 PWM 控制的逆变器称为 PWM 控制型逆变器，这种逆变控制方式与电流型、电压型控制逆变比较具有如下区别：

　　（1）系统结构简单

　　电流型与电压型控制逆变的回路只进行单纯的开/关与频率控制，但加入到负载的电流、电压幅值需要通过整流回路进行调节，因此，逆变器需要同时对整流与逆变回路进行控制，系统结构复杂。采用 PAM 调压的电压控制型逆变，虽然可省略整流回路的控制环节，但需要增加斩波控制回路，同样增加了控制系统的复杂性。而 PWM 控制型逆变无须对整流电路进行控制，故可以直接用二极管不可控整流方式。

　　（2）改善用电质量

　　二极管不可控整流方式可以避免可控整流引起的功率因数降低与谐波影响，改善了用电质量。

（3）提高系统的响应速度

电流控制与电压控制型逆变在调节电流与电压幅值时，需要通过大电感，大电容的延时才能反映到逆变回路上。而 PWM 逆变则可以同时控制逆变回路的输出脉冲宽度、幅值与频率，提高了系统的响应速度。

（4）改善了调速性能

电流型与电压型控制逆变的回路只进行单纯的开/关频率控制，逆变器的输出为低频宽脉冲，波形中的谐波分量将引起电动机的发热并影响调速性能。而 PWM 逆变输出的是远高于电动机运行频率的高频窄脉冲，它是通过提高脉冲频率大大降低了输出中的谐波分量，改善了电动机的低速性能，扩大了调速范围。

（5）降低生产制造成本

从系统结构上看，为了准确控制逆变输出，电流型与电压型控制逆变的每一逆变回路都需要有单独的整流与中间电路，这样的方式较适合于电动机、大容量变频控制。而 PWM 控制型逆变器可通过脉宽调制，同时实现频率与幅值的控制，因此，只要容量足够、电压合适，用于逆变的直流电源完全可以独立设置或直接由外部提供，即 PWM 控制性逆变器可采用模块化的结构形式，由统一的电源模块为多组逆变回路提供公用的直流电源，如图 3-8 所示。

图 3-8　模块化的 PWM 控制型逆变器

模块化结构可提高整流回路的效率，降低生产制造成本与减小体积，同时便于批量生产。它非常适合于中小功率、多电动机调速的生产设备与自动化生产线的控制。

3.2.2 PWM 波形的产生

PWM 逆变的关键问题是如何产生 PWM 的波形。虽然，从理论上说可以根据输出频率、幅值以及需要划分的区域数，通过计算得到脉冲宽度数据，但这样的计算与控制通常比较复杂，对提高系统的速度不利。因此，目前实际控制系统大都采用载波调制技术生成 PWM 波形。

载波调制技术源于通信技术，在 20 世纪 60 年代中期，由 A.Schonung 与 H.Stemmler 首先提出将其应用于电动机调制的控制。利用载波调试技术产生 PWM 波形的方法有多种，直到目前还是很多人的研究热点。

1．单相调制

图 3-9 是一种最简单、最早被应用的交流调速系统的载波调制方法，可用于单相交流的调制。

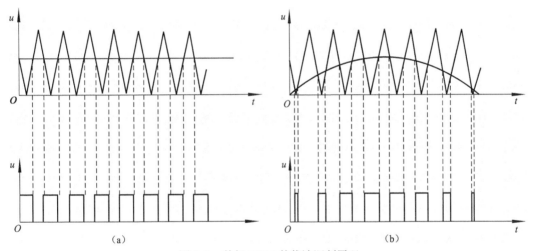

图 3-9　单相 PWM 的载波调制原理

在图 3-9 中，直接利用了比较电路，将三角波与要求调制的波形进行比较，如果调制电压大于三角波电压时的输出为"1"，便可以获得图中的 PWM 波形。

输出波形与要求调制信号对应，当调制信号为直流或者方波时，产生的 PWM 波形为等宽脉冲；当调制信号为正弦波是，产生的 PWM 波形为 SPWM 波。

在载波调制中，将接受调制的基波（图 3-9 中的三角波）称为"载波"；将希望得到的波形称为"调制波"或调制信号。显然，为了进行调制，载波的频率必须远远高于调制信号的频率，载波的频率越高，产生的 PWM 脉冲就越密，由输出脉冲组成的波形也就越接近调制信号。因此，在变频器与交流伺服驱动器中，载波频率（又称 PWM 频率）是决定输出频率与波形质量的重要技术指标，目前变频器与伺服驱动器的载波频率通常都可以达到 2～15 kHz。

2．三相调制

根据单相 PWM 波的产生原理，同样可以得到三相的调制信号，如图 3-10 所示。

图 3-10 中，u_a、u_b、u_c 三相调制信号公用一个载波信号，u_a、u_b、u_c 的调制与单相波相同，假设逆变器的直流输入为 e_d，如果选择 $e_d/2$ 作为参考电位，则可以得到图中的 PWM 波形。在

此基础上,根据 $u_{ab}=u_a-u_b$ 便可以得到图中的线电压 u_{ab} 的 PWM 波形,这就是三相 PWM 波。

变频器与伺服驱动器就是根据这一原理控制电压与频率的交流调速装置。

图 3-10 三相 PWM 的载波调制原理

3.3 永磁同步电动机伺服驱动系统

近年来,随着高性能永磁材料技术、电力电子技术、微电子技术的飞速发展以及矢量控制理论、自动控制理论研究的不断深入,永磁同步电动机伺服控制系统得到了迅速发展。由于其调速性能优越，克服了直流伺服电动机机械式换向器和电刷带来的一系列限制。其结构简单、运行可靠，且体积小、重量轻、效率高、功率因数高、转动惯量小、过载能力强；与异步伺服电动机相比，控制简单、不存在励磁损耗等问题，因而在高性能、高精度的伺服驱动等领域具有广阔的应用前景。

3.3.1 交流永磁同步电动机的矢量控制原理

交流永磁同步电动机采用的是正弦波供电方式，它可消除方波电流突变带来的转矩脉动，其运行平稳，动、静态特性好，但控制也比无刷直流电动机复杂，需要采用矢量控制技术。

正弦波与方波的区别在于正弦波电流的瞬时值随着相位变化。交流永磁同步电动机的理想状态是：能在转子磁场强度为最大值的位置上，使定子绕组的电流也能够达到最大值，这样电动机便能够在同样的输入电流下获得最大的输出转矩。为了实现这一目的就必须对定子电流的幅值与相位同时进行控制。幅值与相位构成了电流矢量，因此，这种控制称为"矢量控制"。

为了对交流电动机实施矢量控制，首先需要建立电动机的数学模型。根据矢量控制的理论，交流永磁同步电动机的数学模型可以按照以下步骤建立：

① 将三相定子电流合称为统一的合成电流。

② 将定子合成电流分解为两相正交电流，完成电流的 3-2 变换。

③ 将定子坐标系中的两相正交电流转换到转子坐标系上。

④ 在转子坐标系中建立定子平衡方程。

⑤ 根据转子磁场与定子电流的正交分量建立运行方程。

1. 定子电流合成

对于正弦波供电的电动机，为了便于分析，将三相定子电流以余弦的形式表示如下：

$$\begin{cases} i_u = I_1 \cos \omega t \\ i_v = I_1 \cos(\omega t + 2\pi / 3) \\ i_w = I_1 \cos(\omega t + 4\pi / 3) \end{cases} \tag{3-1}$$

考虑到三相定子绕组本身在定子中的空间位置互差 $2\pi/3$，因此，三相合成电流 i_s 可以计算如下：

$$i_s = I_1 \cos \omega t + I_1 \cos(\omega t + 2\pi / 3) \cdot \cos(2\pi / 3) + I_1 \cos(\omega t + 4\pi / 3) \cdot \cos(4\pi / 3)$$

$$= \frac{3}{2} I_1 \cos \omega t \tag{3-2}$$

2. 定子电流变换

定子电流与转子磁场在电动机中都是空间旋转的矢量，且两者存在一定的夹角（转子磁场落后于定子电流）才能输出转矩，如果将两者在同一静止参考坐标系 a-b 上表示，可以得到图 3-11 所示的矢量图。

由图 3-11 可以得到定子电流矢量转换到转子磁链矢量 d-q 坐标中的表达式为：

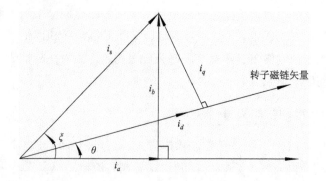

图 3-11　电流与磁场矢量图

$$i_s = i_s\cos\xi$$
$$i_s = i_s\sin\xi$$
$$i_d = i_a\cos\theta + i_b\sin\theta \qquad\qquad （3-3）$$
$$i_q = -i_a\sin\theta + i_b\cos\theta$$

式中的电流分量 i_q 与转子磁链矢正交，是产生输出转矩的有效分量，在同样的 i_s 下，若 $\xi - \theta = 90^\circ$，其值可以达到最大。

3．定子电压平衡方程式

为了建立定子电压平衡方程，需要在 d-q 坐标轴中分解磁链。

假设转子永磁体产生的磁链为 ψ_r。而定子线圈产生的磁链可以按照 $\psi = Li$ 计算，d-q 坐标系上的合成磁链矢量表达式为：

$$\psi = (\psi_r + Li_d) + \mathrm{j}Li_q \qquad\qquad （3-4）$$

因转子的 d-q 坐标系以角速度 $\omega = \mathrm{d}\theta / \mathrm{d}t$ 旋转，考虑到方向后，磁链变化率可表示为：

$$\frac{\mathrm{d}\psi}{\mathrm{d}t} = \frac{\partial\psi}{\partial t} + \mathrm{j}\omega\psi \qquad\qquad （3-5）$$

将式（3-4）代入到式（3-5），并考虑到永磁体产生的磁链 ψ_r 为常数，整理后得到定子绕组上的感应电动势计算式为：

$$e_1\frac{\mathrm{d}\psi}{\mathrm{d}t} = (L\frac{\mathrm{d}i_d}{\mathrm{d}t} - L\omega i_q) + \mathrm{j}(L\frac{\mathrm{d}i_d}{\mathrm{d}t} + L\omega i_q + \psi_r\omega) \qquad\qquad （3-6）$$

分解到 d-q 坐标系上，定子电压平衡方程为：

$$u_d = Ri_d + L\frac{\mathrm{d}i_d}{\mathrm{d}t} - L\omega i_q \qquad\qquad （3-7）$$

$$u_q = Ri_q + L\frac{\mathrm{d}i_q}{\mathrm{d}t} + L\omega i_q + K\omega$$

式中已经将转子永磁体产生的转子磁链 ψ_r 直接用电动机常数 K 的形式进行表示。

4．电动机运行方程

如果控制与转子磁链同相的电压分量 u_d，使得上式中的 $i_d = 0$，这就意味着电动机在旋转过程中始终有 $\xi - \theta = 90^\circ$，即电动机可以在输出最大转矩的情况下按照同步转速旋转，这时，可以得到如下永磁同步电动机的运行方程：

$$\begin{cases} u_d = -L\omega i_q \\ u_q = Ri_q + L\dfrac{\mathrm{d}i_q}{\mathrm{d}t} + K\omega \\ M = Ki_q \end{cases} \qquad (3\text{-}8)$$

式（3-8）与直流电动机的运行特性的区别只是电枢电流换成了与定子电流中与转子磁链正交的电流分量 i_q，M 为电动机输出转矩。这就是在采用了矢量控制技术后，交流永磁同步电动机的运行特性可以等同于直流电动机的原因。

3.3.2 交流永磁同步电动机控制系统

交流永磁同步电动机伺服系统需要进行电流变换与矢量计算，因此，一般为采用微处理器的数字控制系统，图 3-12 所示为某实际交流永磁同步电动机数字伺服驱动器的原理框图。

图 3-12 交流永磁同步电动机伺服驱动器原理图

该驱动器采用的是三相桥式二极管不可控整流电路，提高了驱动器输入功率因数，输入回路安装有短路保护与浪涌电压吸收装置。驱动器输入电压为三相 220 V（线电压），平波后的直流母线电压约为 320 V。

驱动器的直流母线上安装有能耗制动电阻单元，可以为电动机制动提供能量释放回路。此外，为了加快电动机的制动过程，线路中还设计了将母线直流电压通过二极管直接加入到电动机三相绕组的直流制动电路，这一制动回路可以在驱动器逆变回路不工作时，为电动机提供制动转矩。启动器的逆变回路采用了 IGBT 驱动，并带有为电动机制动提供能量反馈通道的续流二极管。

驱动器的速度与位置控制通过 CPU 进行控制,速度与位置调节器进行了数字化处理,调节器的参数可以根据系统情况进行修改。驱动器带有可以进行参数设置/状态显示的操作/显示单元与通信总线接口,不仅可以通过操作/显示单元检查驱动器工作状态、进行参数的设置与修改,还可以用于网络控制。修改后的参数可以保存在 EEPROM 中。

驱动器带有 CPU,因此,它可以直接接收外部位置指令脉冲,构成位置闭环控制系统。如果需要,驱动器也可以接收来自外部的速度给定模拟电压,成为大范围、恒转矩调速的速度控制系统。

为了提高运算与处理速度,驱动器的电流检测与计算、电流控制、编码器信号分解、PWM 信号产生、位置给定指令脉冲信号的处理均使用了专用集成电路(ASIC)。

由于三相正弦交流电始终有 $i_u+i_v+i_w=0$,故只需要检测其中的两相,便可以在 ASIC 的电流检测与计算环节通过计算得到第三相的实际电流值。

电流反馈信号按照式(3-2)合成后,转换为幅值为电枢电流 2~3 倍的合成电流 i_s;然后再按式(3-3)转换为 d-q 坐标中的 i_d、i_q 电流,完成电流检测信号的 3-2 转换。

根据矢量控制式(3-8)的要求,控制时总是需要保持 i_d 为零,所以,在电流控制环节上需要有转矩电流 i_q 的给定输入。在电流控制环节中,根据转矩电流 i_q 给定 i_d、i_q 的电流反馈值,按照式(3-7)计算出定子控制电压 u_d、u_q。在电流控制过程中需要保持 $u_d = -L\omega i_q$,以实现 i_d 为零的控制要求。

计算得到定子控制电压 u_d、u_q,需要通过下式反变换到参考坐标系 a-b 上(见图 3-11):

$$\begin{cases} u_a = u_d \cos\theta - u_q \sin\theta \\ u_b = u_d \sin\theta + u_q \cos\theta \end{cases} \tag{3-9}$$

由 u_d、u_q 可以得到三相定子电压的合成矢量为:

$$u_s = u_a + \mathrm{j}u_b = \sqrt{u_a^2 + u_b^2}\,\mathrm{e}^{j\xi} \tag{3-10}$$

这一三相定子电压矢量,可以按照式(3-1)、式(3-2),分解为如下三相定子电压:

$$\begin{cases} u_u = \dfrac{2}{3}\sqrt{u_a^2 + u_b^2}\cos\xi \\[2mm] u_v = \dfrac{2}{3}\sqrt{u_a^2 + u_b^2}\cos(\xi + 2\pi/3) \\[2mm] u_w = \dfrac{2}{3}\sqrt{u_a^2 + u_b^2}\cos(\xi + 4\pi/3) \end{cases} \tag{3-11}$$

以上变换过程是将两相控制电压 u_d、u_q 转换为三相定子电压的过程,故称为 2-3 转换。

定子电压可以直接通过 PWM 电路转换为 SPWM 波,实现对电动机的控制,以上是交流永磁同步电动机伺服驱动器的控制原理。因此,通用性交流伺服实质上是一种具有位置、速度、电流三环控制的闭环调节系统。

伺服驱动器是用于控制交流永磁同步电动机（交流伺服电动机）位置、速度的装置，它需要实现高精度位置控制、大范围的恒转矩调速和转矩的精度控制，其调速要求比变频器等以感应电动机为对象的交流调速系统更高。因此，它必须使用驱动器生产厂家专门生产、配套提供的专用伺服电动机。

在控制方式上用脉冲串和方向信号实现，一般伺服有 3 种控制方式：位置控制方式、速度控制方式、转矩控制方式。

4.1 位置控制单元

伺服电动机驱动器必须设置位置增益参数（KPP），伺服驱动器位置控制单元采用比例控制系统，所以应称为位置比例增益参数。调整位置比例增益参数又称伺服电动机刚性调整。

将指令脉冲数与编码器反馈脉冲数进行比较，称为偏差计数。位置控制单元将偏差量转换成修正位置的速度指令，由速度控制单元处理后送驱动单元进行电动机驱动。因此，速度指令的幅度大小就可由 KPP 位置比例增益参数决定。KPP 参数设置越大，控制反应越迅速，称为刚性较硬；反之称为刚性较软。将速度控制单元及驱动单元进行简化，如图 4-1 所示。

图 4-1 伺服驱动器的位置控制简化示意图

因控制器输出的驱动信号与输入关系只是一个比例增益常量关系，所以称为比例控制器，而其输入信号是控制器的指令脉冲与伺服电动机编码器产生反馈脉冲的偏差量，偏差量经比例控制器乘上比例增益常量 KPP 再送往下一级控制单元处理。在此需注意偏差计数器的功能，如果将偏差计数器输出与旋转中清除归零，表示速度指令下降为零，则伺服电动机将突然停止。这种特性将应用于伺服电动机原点复位运行模式，但也需要考虑在多大的速度下电动机才能突然停止。即对电动机及机构而言是否可承受此冲击载荷。

位置控制单元的输入量及输出量是不同的，输入量为位置的偏差量，经控制器处理后的输出量转换为速度的量。因此，在进行位置控制，当前位置不等于设置位置时，需要输出与位置误差量相反方向的速度进行修正；当前位置等于设置位置时，速度的输出必须为零。

偏差计数器不同于一般函数减法器，其进行的是两输入端脉冲数量互抵的动作，虽然最终必定互抵为零，但接收指令脉冲发送时，与反馈脉冲间存在延迟时间差，这就是偏差量原因之一。另一部分偏差量是因为外力产生的，当电动机停止因负载变化形成位移时，就造成偏差量的产生，也反应了修正输出的必要性。而比例控制器要对修正输出的幅度进行控制。

位置比例增益参数 KPP 的影响：

将 KPP 参数以阶跃输入对时间的暂态响应说明。当 KPP 值增大时，伺服电动机对位置有较好的响应，一般称为刚性较硬；但也容易产生振动及噪声，也就是进入不稳定状态。

KPP 值调整后，效果将反应在伺服电动机定位及停止时。KPP 值增大时，上升时间减短，可快速到达设置点，相对的最大超调量随之增加。因此，必须考虑以下因素：

① 机构是否能接受较大超调量。

② 较短的上升时间并不表示能缩短稳定时间。

③ KPP 值减少时，上升时间延长，需要较长的时间才能到达设置点，最大超调量减少，但不一定表示系统稳定时间延长。

针对以上情况进行 KPP 值的调整，求得的最短稳定时间即为最佳值测量值系统稳定时间，需要适当的仪器。在无适当的仪器或工具进行辅助时，只能以人工进行调整及判断 KPP 值是否适用。

（1）KPP 值调整判断标准

KPP 值的调整，实际上是介于快速与稳定性之间的取舍。为求快速而将 KPP 值调大，则上升时间缩短、超调量增加、系统不稳定性增加，最终将导致系统振荡而无法使用。

（2）不同负载系统 KPP 的值不相同

机构设计不同时，机构特性必定不相同，如伺服电动机负载水平运动、垂直运动或圆周运动都有不同的运动特性，工作台驱动方式齿轮齿排驱动、滚珠丝杠驱动、传动带驱动均有差异。

即使结构相同，将机构水平放置应用或将垂直安装应用时伺服系统参数必定改变，甚至原来配置的电动机无法使用。因为受重力影响的方向改变，造成了不同的结果。

4.2　速度控制单元

位置偏差量经 KPP 值比例控制器运算后得到修正幅度，再送往速度控制单元进行速度控制。换言之，速度控制单元的速度设置值就是位置控制单元运算的结果。对控制工程而言，速度控制单元也可视为位置控制的一部分，二者是串级控制关系，速度控制单元在设计上较位置控制单元复杂。

速度控制单元实际上就是一种相当有名的控制器——PID 控制器的应用，PID 代表比例、积分、微分。速度控制单元 PID 控制器的框图如图 4-2 所示。调整 PID 控制 Kvp、kvi、kvd 值，可使伺服系统的速度控制性能符合要求。

图 4-2 速度控制单元 PID 控制器的框图

PID 控制器是指利用偏差信号的比例、积分或微分关系计算出控制量进行控制的系统，也称为 PID 调节器、PID 滤波器。它具有结构简单、稳定性好、工作可靠、调整方便等优点，对提高线性系统的性能十分有效。

4.3　驱 动 单 元

交流伺服电动机驱动单元部分，基本上是一个变频器系统。位置控制单元为修正位置而改变速度指令，而驱动电动机旋转。

变频器将交流电源先整流为直流电源，再重新调制成可变频率的输出电压，交流伺服电动机的转速随输出电压频率同步旋转。如今，变频器多采用 PWM 技术，即脉冲宽度调制技术，其输出电压波形是非正弦波形，施加负载后的电压平均值非常接近于正弦波形。

伺服电动机的最高输出转矩约为额定转矩的 3 倍。事实上，瞬间最高的转矩可达 3 倍额定负载转矩，但如果长时间高载荷运行，必定会发生异常报警。例如，伺服电动机加/减速时，输出转矩将超过额定转矩。

脉冲宽度调制技术使用高频脉冲技术为载波，对脉冲宽度进行调制。既然有高频载波，就必然有电磁干扰（EMI）问题，需要采用电抗器、滤波器、隔离变压器等隔离措施。

4.4　完整的电动机驱动器

完整的伺服电动机驱动器应包含位置控制单元、速度控制单元及驱动单元。必须了解它们，才能正确使用伺服电动机。

伺服驱动器又称伺服放大器，是交流伺服系统的核心设备。伺服驱动器的品牌很多，常见的有三菱、松下、台达等。图 4-3 列出了一些常见伺服驱动器，下面以三菱通用伺服驱动器为例进行说明。

伺服驱动器的功能是将工频（50 Hz 或 60 Hz）交流电源转换为幅度和频率均可变的交流电源提供给伺服电动机。当伺服驱动器工作在速度控制模式时，通过控制输出电源的频率来对电动机进行调速；当工作在转矩模式时，通过控制输出电源的幅度来对电动机进行转矩控制；当工作在位置控制模式时，根据输入脉冲来决定输出电源的通断时间。

图 4-3　常见的伺服驱动器

图 4-4 为三菱系列通用伺服驱动器的内部结构简图。

图 4-4　三菱系列通用伺服驱动器的内部结构简图

伺服驱动器工作原理说明如下：

三相交流电源（200～230V）或单相交流电源(230V)经断路器 NFB 和接触器触点 MC 送到伺服驱动器内部的整流电路，交流电源经整流电路、开关 S（S 断开时经 R_1）对电容 C 充电，在电容上得到上正下负的直流电压，该直流电压送到逆变电路，逆变电路将直流电压转换成 U、V、W 三相交流电压，输出给伺服电动机，驱动电动机运转。

R_1、S 为浪涌保护电路，在开机时 S 断开，R_1 对输入电流进行限制，用于保护整流电路中的二极管不被开机冲击电流烧坏，正常工作时 S 闭合，R_1 不再限流；R_2、VD 为电源指示电路，当电容 C 上存在电压时，VD 就会发光；VT、R_3 为再生制动电路，用于加快制动速度，同时避免制动时电动机产生的电压损坏有关电路；电流传感器用于检测伺服驱动器输出电流大小，并通过电流检测电路反馈给控制系统，以便控制系统能随时了解输出电流情况而做出相应的控制；有些伺服电动机除了带有编码器外，还带有电磁制动器，在制动器线圈未通电时伺服电动机转轴被抱闸，线圈通电后抱闸松开，电动机可正常运行。

控制系统有单独的电源电路，它除了为控制系统供电外，对于大功率型号的驱动器，它还要为内置的散热风扇供电；主电路中的逆变电路所需的控制脉冲也由控制系统提供。电压检测电路用于检测主电路中的电压，电流检测电路用于检测逆变电路的电流，它们都反馈给控制系统，控制系统根据设置的程序做出相应的控制（如过电压或过电流时让驱动器停止工作）。

如果给伺服驱动器接上备用电源（MR-BAT），就能构成绝对位置系统，这样在首次原点（零位）设置后，即使驱动器断电或报警重新运行，也不需要进行原点复位操作。控制系统通过一些接口电路与驱动器的外接端口（如 CN1A、CN1B 和 CN3 等）连接，以便接收到外围设备送来的指令，也能将驱动器的有关信息输出给外围设备。

项目 **5** 三菱伺服驱动器的硬件系统

三菱公司目前常用的通用伺服驱动器产品有 21 世纪初开发的 MR-J2S 系列、最新研发的高性能 MR-J3 系列与小功率经济型 MR-ES 系列三大产品系列。下面以 MR-J3-A 型伺服驱动器为例进行介绍。

5.1　产品规格与技术性能

1．MR-J3-A 型伺服驱动器产品规格与技术性能(见表 5-1)

表 5-1　MR-J3-A 型三菱伺服驱动器产品规格与技术性能

MR-J3-A 型伺服放大器			10A	20A	40A	60A	70A	100A	200A	350A	500A	700A	10A1	20A1	40A1
伺服放大器	主回路电源	电压/频率	三相 AC 200～230 V 50/60 Hz 或 单相 AC 200～230 V 50/60 Hz 单相 AC 200～240 V 50/60 Hz					三相 AC 200～230 V 50/60Hz				单相 AC 100～120 V 50/60 Hz			
		允许电压波动	三相 AC 200～230 V 三相 AC 170～253 V 单相 AC 200～230 V 单相 AC 170～253 V					三相 AC 170～253 V				单相 AC 85～132 V			
		允许频率波动	±5%以内												
	控制回路电源	电压/频率	单相 AC 200～230 V 50/60Hz										单相 AC 100～120 V 50/60 Hz		
		允许电压波动	单相 AC 170～253 V										单相 AC 85～132 V		
		允许频率波动	±5%以内												
		功率/W	30								45	30			
	接口电源		DC 24×(1±10%)V（要求的电流容量 300 mA）												
	再生电阻允许再生功率/W	无选件(使用放大器内置电阻)	—	10	10	10	20	20	100	100	130	170	—	10	10
		再生选件 MR-RB032	30	30	30	30	30	30	×	×	×	×	30	30	30
		MR-RB12	×	100	100	100	100	100	×	×	×	×	×	100	100
		MR-RB30	×	×	×	×	×	×	300	300	×	×	×	×	×
		MR-RB31	×	×	×	×	×	×	×	×	300	300	×	×	×
		MR-RB32	×	×	×	×	300	300	×	×	×	×	×	×	×
		MR-RB50 (注 4)	×	×	×	×	×	×	500	500	×	×	×	×	×
		MR-RB51 (注 4)	×	×	×	×	×	×	×	×	500	500	×	×	×

MR-J3-A 型伺服放大器		10A	20A	40A	60A	70A	100A	200A	350A	500A	700A	10AI	20AI	40AI
	控制方式	正弦波 PWM 控制/电流控制系统												
	动态制动	内置												
	保护功能	过电流断路、再生过电压断路、过负载断路(电子热继电器)、伺服电动机过热保护、编码器异常保护、再生异常保护、电压不足、瞬时停电保护、超速保护、误差过大保护												
伺服放大器	位置控制模式 · 最大输入脉冲频率	1 Mpps(采用差动接收器时)，200 kpps(采用集电器开路时)												
	定位反馈脉冲	每分辨率脉冲：262144 p/rev												
	指令脉冲放大函数	电子齿轮 A/B 倍数，A1～1048576，B1～1048576 1/10＜A/B＜2000												
	到位范围设置	0～±10 000 脉冲(指令脉冲单位)												
	误差过大	±3 转												
	转矩控制范围	通过参数或外部模拟输入设置(DC 0～+10V，最大转矩)												
	速度控制模式 · 速度控制范围	模拟速度指令 1:2000，内部速度指令 1:5000												
	模拟速度指令输入	DC0～±10V /额定速度												
	速度波动率	当采用模拟速度指令输入时，±0.01%以下(负载波动 0～100%)0%(电源波动±10%)±0.2%以下(周围温度 25±10℃)												
	转矩控制范围	通过参数或外部模拟输入设置(DC0～+10V，最大转矩)												
	转矩控制模式 · 模拟转矩指令输入	DC0～±8V 最大转矩(输入阻抗 10～12 kΩ)												
	速度范围	通过参数或外部模拟输入设置(DC0～+10V，额定速度)												
	结构	白冷却，开放(IP00)				强冷却，开放(IP00)					白冷却，开放(IP00)			
	环境 · 周围温度	0～55 ℃(不结冰)。保存：20～65 ℃(不结冰)												
	周围湿度	90%RH 以下(不结霜)。保存：90%RH 以下												
	空气条件	室内(无阳光直射)、无腐蚀性气体、易燃性气体、油箱、灰尘												
	海拔	1 000 m 以下												
	振动	5.9 m/s² 以下												
	质量/kg	0.8	0.8	1.0	1.0	1.4	1.4	2.3	3.3	4.6	6.2	0.8	0.8	1.0

注：① 与伺服放大器配合使用的伺服电动机仅在本表规定的电源电压和频率时才能够达到额定输出功率和额定速度。当电源电压过低时，输出和转速将无法得到保证。

② MR-J3-350A 以下的伺服放大器可以紧凑连接。

2. 额定铭牌、型号代码定义

（1）额定铭牌（见图 5-1）

（2）型号（见图 5-2）

图 5-1　额定铭牌

图 5-2　型号代码定义

5.2　电气连接总图

1. MR-J3-A 电气连接图（见图 5-3）

图 5-3　电气连接图

说明:

① 必须连接 P1-P2（工厂接线）。使用功率因素改善 DC 电抗器时，请参考系统手册。

② 必须连接 P-D（工厂接线）。

③ 要连接伺服放大器和伺服电动机。

④ 如果更改参数使故障（ALM）输出处于非活动状态，构筑电源回路，使得在控制器侧报警出现检测之后切断磁力接触器的电源。

 注意

- 伺服放大器发生故障时，断开伺服放大器电源侧的电源。持续的大电流可能导致火灾。
- 使用故障信号断开主回路电源。否则，再生制动电阻故障异常发热，从而引起火灾。

扩展：SSCNET Ⅲ 电缆连接(此功能只用于 MR-J3-□□B)，如图 5-4 所示。

① 对于 CN1A 接头，连接 SSCNET Ⅲ 电缆到控制器的主侧或伺服放大器。

② 对于 CN1B 接头，连接 SSCNET Ⅲ 电缆到下一个伺服放大器。

③ 对于最后轴的 CN1B 接头，放置一个伺服放大器附带的盖子。

2. 如何连接/断开电缆

（1）安装

① 对于运输状态时的 SSCNET Ⅲ 电缆，接头端安装有用于保护光接收端的套管，拆下此套管。

图 5-4 SSCNET Ⅲ 电缆连接

② 拆下伺服放大器的 CN1A-CN1B 接头盖。

③ 用 SSCNET Ⅲ 电缆接头的接线杆，必须将电缆插入伺服放大器的 CN1A-CN1B 接头内，直到听见"咔"的一声。如果光芯线的表面很脏，光传输中断，可能导致误操作。如果变脏，用黏合布等擦拭。不要使用溶剂，如酒精。

（2）拆卸

① 抓住用 SSCNET Ⅲ 电缆接头的接线杆，拔出接头。

② 从伺服放大器拉出 SSCNET Ⅲ 电缆时，必须在伺服放大器的接头部分装上盖子，以防止变脏。

③ 对于 SSCNET Ⅲ 电缆，附有套管用于保护接头末端的光缆芯线末端表面。

要点：CN1A-CN1B 接头安装有盖子以避免接头内的光元件落上灰尘。因此，安装 SSCNETⅢ电缆之前不要拆下盖子。然后，当拆卸 SSCNET Ⅲ 电缆时，确保盖上盖子。

将用于 CN1A-CN1B 接头的盖子和用于保护 SSCNET Ⅲ电缆光接收端的套管保存在塑料袋中，塑料袋有 SSCNET Ⅲ电缆的拉链，防止电缆弄脏。

当伺服放大器因故障需要修理时，必须在 CN1A-CN1B 接头上安装盖子。当接头未装有盖子时，光元件可能在运输中被损坏。这种情况下，需要更换并修理光元件。

5.3　伺服驱动器引脚功能

1. 对于电源系统的引脚进行说明（见表 5-2）

表 5-2　电源系统的引脚

缩写	连接目标（应用）	说　　　明			
L1 L2 L3	主回路电源	以下电源连接到 L1、L2、L3，对于单相 AC 230V 电源，连接电源到 L1、L2，并保持 L3 开路			
		电源　　　　　伺服放大器	MR-J3-10B～70B	MR-J3-100B～700B	MR-J3-10B1～40B1
		三相 AC 200～230V, 50/60 Hz	L1、L2、L3		—
		单相 AC 230V，50/60 Hz	L1、L2	—	—
		单相 AC 100～120V, 50/60 Hz	—	—	L1、L2
P1 P2	功率因素改善 DC 电抗器	不使用功率因素改善 DC 电抗器时，连接 P1-P2（工厂接线） 使用功率因素改善 DC 电抗器时，断开 P1-P2 间的接线并在 P1-P2 之间连接功率因素改善 DC 电抗器			
P C D	再生制动选件	使用伺服放大器内置再生制动电阻时，连接 P 端子和 C 端子。使用再生制动选件时，断开 P-C 端子并在 P-C 端子上连接再生制动选件			
L11 L21	控制回路电源	通过 L11-L21 供电			
		电源　　　　　伺服放大器	MR-J3-10B～700B		MR-J3-10B1～40B1
		单相 AC 200～230V, 50/60 Hz	L11、L21		—
		单相 AC 100～120V, 50/60 Hz	—		L11、L21
U V W	伺服电动机	连接伺服电动机电源端子（U、V、W）			
N	转换器制动单元	使用转换器/制动单元时，连接 P 端子和 N 端子 MR-J3-350B 以下的伺服放大器不用连接			
地	保护接地（PE）	连接伺服电动机的接地端子到控制柜的接地端子（PE）上			

（1）CN1 引脚功能：（MR-J3-A）（见表 5-3）

表 5-3 CN1 引脚功能

引脚号	I/O	不同控制模式的输入/输出信号						相关参数号
		P	P/S	S	S/T	T	T/P	
1	—	P15R	P15R	P15R	P15R	P15R	P15R	—
2	I	—	-/VC	VC	VC/VLA	VLA	VLA/-	—
3	—	LG	LG	LG	LG	LG	LG	—
4	O	LA	LA	LA	LA	LA	LA	—
5	O	LAR	LAR	LAR	LAR	LAR	LAR	—
6	O	LB	LB	LB	LB	LB	LB	—
7	O	LBR	LBR	LBR	LBR	LBR	LBR	—
8	O	LZ	LZ	LZ	LZ	LZ	LZ	—
9	O	LZR	LZR	LZR	LZR	LZR	LZR	—
10	I	PP	PP/-	—	—	—	-/PP	—
11	I	PG	PG/-	—	—	—	-/PG	—
12	—	OPC	OPC/-	—	—	—	-/OPC	—
13	—	—	—	—	—	—	—	—
14	—	—	—	—	—	—	—	—
15	I	SON	SON	SON	SON	SON	SON	PD03
16	I	—	-/SP2	SP2	SP2/SP2	SP2	SP2/-	PD04
17	I	PC	PC/ST1	ST1	ST1/RS2	RS2	RS2/PC	PD05
18	I	TL	TL/ST2	ST2	ST2/RS1	RS1	RS1/TL	PD06
19	I	RES	RES	RES	RES	RES	RES	PD07
20	—	DICOM	DICOM	DICOM	DICOM	DICOM	DICOM	—
21	—	DICOM	DICOM	DICOM	DICOM	DICOM	DICOM	—
22	O	INP	INP/SA	SA	SA/-	—	-/INP	PD13
23	O	ZSP	ZSP	ZSP	ZSP	ZSP	ZSP	PD14
24	O	INP	INP/SA	SA	SA/-	—	-/INP	PD15
25	O	TLC	TLC	TLC	TLC/VLC	VLC	VLC/TLC	PD16
26	—	—	—	—	—	—	—	—
27	—	TLA	TLA	TLA	TLA/TC	TC	TC/TLA	—
28	—	LG	LG	LG	LG	LG	LG	—
29	—	—	—	—	—	—	—	—
30	—	LG	LG	LG	LG	LG	LG	—
31	—	—	—	—	—	—	—	—
32	—	—	—	—	—	—	—	—
33	O	OP	OP	OP	OP	OP	OP	—
34	—	LG	LG	LG	LG	LG	LG	—
35	I	NP	NP/-	—	—	—	-/NP	—
36	I	NG	NG/-	—	—	—	-/NG	—

引脚号	I/O	不同控制模式的输入/输出信号						相关参数号
		P	P/S	S	S/T	T	T/P	
37	—	—	—	—	—	—	—	—
38	—	—	—	—	—	—	—	—
39	—	—	—	—	—	—	—	—
40	—	—	—	—	—	—	—	—
41	I	—	—	—	—	—	—	PD08
42	I	EMG	EMG	EMG	EMG	EMG	EMG	—
43	I	LSP	LSP	LSP	LSP/-	—	-/LSP	PD10
44	I	LSN	LSN	LSN	LSN/-	—	-/LSN	PD11
45	I	LOP	LOP	LOP	LOP	LOP	LOP	PD12
46	—	DOCOM	DOCOM	DOCOM	DOCOM	DOCOM	DOCOM	
47	—	DOCOM	DOCOM	DOCOM	DOCOM	DOCOM	DOCOM	
48	O	ALM	ALM	ALM	ALM	ALM	ALM	
49	O	RD	RD	RD	RD	RD	RD	PD18
50	—	—	—	—	—	—	—	

注：① I—输入信号，O—输出信号。

② P—位置控制模式；S—速度控制模式；T—转矩控制模式；P/S—位置/速度控制切换模式；S/T—速度/转矩控制切换模式；T/P—转矩/位置控制切换模式。

③ 通过对参数 NOPD03~PD08.PD10~PD12 的设置，还可以使用信号 TL 和 TLA。

表 5-3 中简称的说明如表 5-4 所示。

表 5-4 简称的说明

简　称	信 号 名 称	简　称	信 号 名 称	简　称	信 号 名 称
SON	伺服开启	LSP	正转行程末端	SD	屏蔽
CR	清除	SP1	速度选择 1	LSN	反转行程末端
PC	比例控制	ST1	正转启动	SP2	速度选择 2
TL	转矩限制选择	RES	复位	ST2	反转启动
LOP	控制切换	VC	模拟量速度指令	EMG	紧急停止
TLA	模拟量转矩限制	TC	模拟量转矩指令	VLA	模拟量速度限制
RS2	反转选择	TLC	转矩限制中	RS1	正转选择
RD	准备完成	ZSP	零速	VLC	速度限制中
SA	速度到达	ALM	故障	INP	定位完毕
PP	正转/反转脉冲串	LZ	编码器 Z 相脉冲（差动线驱动器）	LB	编码器 B 相脉冲（差动线驱动器）
NP		LZR		LBR	
PG		LA	编码器 A 相脉冲（差动线驱动器）	DICOM	数字接口用电源输入
NG		LAR		OPC	集电极开路电源输入
DOCOM	数字接口用公共端	P15R	DC 15 V 电源输出	LG	控制公共端

（2）CN2 引脚功能

编码器用接头：连接伺服电动机的编码器。

（3）CN3 引脚功能

电动机电源接头：连接伺服电动机。

（4）CN4 引脚功能

电池用接头（CN4）：连接绝对位置数据保存用电池。

（5）CN5 引脚功能

USB 通信用接头：连接个人计算机用于进行伺服设置。

（6）CN6 引脚功能

模拟监控接头：输出模拟监控。

2．信号说明

控制模式的记号表示如下：

P——位置控制模式；S——速度控制模式；T——转矩控制模式；O——出厂设置下可以使用的信号；△——通过设置参数 No.PD03～PD08.PD10～PD12.PD13-PD16.PD18 可以使用的信号。

接头引脚号栏的引脚是初始状态下的值。

（1）输入/输出信号

a．输入信号说明(见表 5-5)

表 5-5 输入信号说明

信号名称	简称	接头引脚号	功能及用途说明	I/O 分类	控制模式		
					P	S	T
伺服开启	SON	CN1-15	当 SON 为 ON 后，电源输入主电路，伺服电动机处于可以运转的状态(伺服 ON 状态)； 当 SON 为 OFF 后，主电路断开，伺服电动机处于自由停车状态(伺服 OFF 状态)。参数 PD01 设置为"□□□4"，可使 SON 内部变为自动接通(恒为 ON)	D1-1	O	O	O
复位	RES	CN1-19	当 RES 为 ON 时，50 ms 以上报警被复位； 有些报警用复位信号不能消除； 在不发生报警的状态下，使 RES 为 ON 时，主电路断开；如果将参数 RD20 设置为"□□1□"，主电路不断开	D1-1	O	O	O
正转行程末端	LSP	CN1-43	运行时应使 LSP/LSN 为 ON，否则伺服电动机将立即停止，并处于伺服锁定状态。将参数 No.PD20 设置为"□□□1"，伺服电动机减速停止	D1-1	O	O	—

输入信号		运行	
LSP	LSN	逆时针方向	顺时针方向
1	1	O	O
0	1	—	O
1	0	O	—
0	0	—	—

续表

信号名称	简称	接头引脚号	功能及用途说明	I/O分类	控制模式 P	控制模式 S	控制模式 T
反转行程末端	LSN	CN1-44	注：0——OFF；1——ON 将参数 No.PD01 设置如下，可以变为内部自动 ON（恒短路）： 表格： 参数 NoPD01 / 自动 ON □4□□ / LSP □8□□ / LSN 如果 LPS 或 LSN 变为 OFF，会出现外部行程限报警(AL.99)警报 WNG 变成 OFF。但是使用 WNG 时，设置参数 No.PD13～PD16 和 PD18 为可以使用				
外部转矩限制选择	TL	CN1-18	使 TL 为 OFF，正转转矩限制(参数 NoPA11)，反转转矩限制(参数 No.PA12)变有效； 使 TL 为 ON，模拟量转矩限制(TLA)变有效	D1-1	○	△	—
内部转矩限制选择	TL1	—	使用该信号时，设置参数 NoPD03～PD08 和 PD10～PD12 可以使用	D1-1	△	△	△
正转启动	ST1	CN1-17	启动伺服电动机。 转动方向如下： 表格（输入信号 ST2 ST1 / 伺服电动机启动方向）： 0 0 / 停止(伺服锁定) 0 1 / CCW 1 0 / CW 1 1 / 停止(伺服锁定) 注：0——OFF；1——ON 运行中如果把 ST1 和 ST2 两者置为 ON 或 OFF，根据参数 No.PC02 的设置值伺服电动机将减速停止并锁定； 参数 No.PC23 设置为"□□□1"时减速停止后伺服不锁定	D1-1	—	○	—
反转启动	ST2	CN1-18					
正转选择	RS1	CN1-18	选择伺服电动机输出转矩的方向； 输出转矩的方向如下： 表格（输入信号 RS2 RS1 / 输出转矩的方向）： 0 0 / 不输出转矩 0 1 / 正向输出动力矩/反向再生制动 1 0 / 反向输出动力矩/正向再生制动 1 1 / 不输出转矩 注：0——OFF；1——ON	D1-1	—	—	○
反转选择	RS2	CN1-17					

续表

信号名称	简称	接头引脚号	功能及用途说明	I/O分类	控制模式		
					P	S	T
速度选择1	SP1	CN1-41	速度控制模式时：	D1-1	—	○	○
速度选择2	SP2	CN1-16	选择运行时的指令转动速度；	D1-1	—	○	○
速度选择3	SP3	—	使用 SP3 时，设置参数 No.PD03～PD08 和 PD10～PD12 注：0——OFF；1——ON 转矩控制模式时： 选择运行时的转动速度限制； 使用 SP3 时，设置参数 No.PD03～PD08 和 PD10～PD12 注：0——OFF；1——ON	D1-1	—	△	△
比例控制	PC	CN1-17	如果使 PC 为 ON，速度放大器从比例积分形式切换到比例形式； 伺服电动机处于停止状态时，如果由于外部原因即使 1 个脉冲使电动机转动，也会输出转矩以补偿位置偏差。定位完成（停止）后在使轴机械锁定的时候，如果在定位完成的同时使比例控制（PC）为 ON，可以抑制为了补偿位置而产生的转矩。长时间锁定时，请使比例控制（PC）和转矩控制（TL）同时为 ON，用模拟转矩限制使转矩输出在额定转矩以下	D1-1	○	△	—

速度选择3 (SP3) 速度指令表：

输入信号			速度指令
SP3	SP2	SP1	
0	0	0	外部模拟量速度指令(VC)
0	0	1	内部速度指令 1(参数 No.PC05)
0	1	0	内部速度指令 2(参数 No.PC06)
0	1	1	内部速度指令 3(参数 No.PC07)
1	0	0	内部速度指令 4(参数 No.PC08)
1	0	1	内部速度指令 5(参数 No.PC09)
1	1	0	内部速度指令 6(参数 No.PC10)
1	1	1	内部速度指令 7(参数 No.PC11)

速度限制表：

输入信号			速度限制
SP3	SP2	SP1	
0	0	0	外部模拟量速度限制(VLA)
0	0	1	内部速度限制 1(参数 No.PC05)
0	1	0	内部速度限制 2(参数 No.PC06)
0	1	1	内部速度限制 3(参数 No.PC07)
1	0	0	内部速度限制 4(参数 No.PC08)
1	0	1	内部速度限制 5(参数 No.PC09)
1	1	0	内部速度限制 6(参数 No.PC10)
1	1	1	内部速度限制 7(参数 No.PC11)

续表

信号名称	简称	接头引脚号	功能及用途说明	I/O 分类	控制模式		
					P	S	T
紧急停止	EMG	CN1-42	如果使 EMG 为 OFF（与公共端之间开路），伺服电动机处于紧急停止状态，主电路断开，动态制动器动作； 紧急停止状态时使 EMG 为 ON（与公共端之间短路），就能解除紧急停止状态	D1-1	○	○	○
清除	CR	CN1-41	如果使 CR 为 ON，在上升沿可以清除偏差计数据内滞留脉冲，脉冲的宽度必须在 10 ms 以上； 参数 No.PB03（位置指令加减速时间常数）中设置的延迟量也被清除。如果设置参数 No.PD22 为"□□□1"，CR 为 ON 期间一直被清除	D1-1	○	—	—
电子齿轮选择 1	CM1	—	使用 CM1 和 CM2 时，设置参数 NoPD03～PD08 和 PD10～PD12； 通过 CM1 和 CM2 的组合，可以选择参数中设置的 4 种电子齿轮的分子； 在绝对位置系统中不能使用 CM1 和 CM2	D1-1	△	—	—
电子齿轮选择 2	CM2	—	<table><tr><td colspan="2">输入信号</td><td rowspan="2">电子齿轮分子</td></tr><tr><td>CM2</td><td>CM1</td></tr><tr><td>0</td><td>0</td><td>参数 No.PA06</td></tr><tr><td>0</td><td>1</td><td>参数 No.PA32</td></tr><tr><td>1</td><td>0</td><td>参数 No.PA33</td></tr><tr><td>1</td><td>1</td><td>参数 No.PA34</td></tr></table>注：0——OFF；1——ON	D1-1	△	—	—
增益切换	CDP	—	使用此信号时，设置参数 NoPD03～PD08 和 PD10～PD12； 如果使 CDP 为 ON，惯量比 GD2 和各增益值可以切换到参数 No.PB29～PB32 的设置值	D1-1	△	△	△
			位置/速度控制切换模式： 在位置/速度控制切换模式时用于选择控制模式 <table><tr><td>LOP</td><td>控制模式</td></tr><tr><td>0</td><td>位置</td></tr><tr><td>1</td><td>速度</td></tr></table>注：0——OFF；1——ON 速度/转矩控制切换模式： 在速度/转矩控制切换模式时用于选择控制模式 <table><tr><td>LOP</td><td>控制模式</td></tr><tr><td>0</td><td>速度</td></tr><tr><td>1</td><td>转矩</td></tr></table>注：0——OFF；1——ON 转矩/位置控制切换模式：	D1-1		—	

信 号 名 称	简称	接头引脚号	功能及用途说明		I/O分类	控制模式		
						P	S	T
控制切换	LOP	CN1-45	在转矩/位置控制切换模式时用于选择控制模式 <table><tr><td>LOP</td><td>控制模式</td></tr><tr><td>0</td><td>转矩</td></tr><tr><td>1</td><td>位置</td></tr></table> 注: 0——OFF; 1——ON		D1-1	—		
第 2 加减速选择	STAB2		使用此信号时, 设置参数 No.PD03～PD08 和 PD10～PD12; 速度控制模式, 转矩控制模式下可以选择伺服电动机转动时的加速减速时间常数。S 曲线加减速时间常数一直恒定 <table><tr><td>STAB2</td><td>加减速时间常数</td></tr><tr><td>0</td><td>加速时间常数(参数 No.PC10) 减速时间常数(参数 No.PC11)</td></tr><tr><td>1</td><td>加速时间常数 2(参数 No.PC30) 减速时间常数 2(参数 No.PC31)</td></tr></table> 注: 0——OFF; 1——ON		D1-1		△	△
ABS 传送模式	ABSM	CN1-17	ABS 传送模式请求信号; 只有在绝对位置数据传送中 CN1-17 脚变为 ABSM		D1-1	○	—	—
ABS 请求	ABSR	CN1-18	ABS 请求信号; 只有在绝对位置数据传送中 CN1-18 脚变为 ABSR		D1-1	○	—	—

b. 输出信号说明（见表 5-6）

表 5-6　输出信号说明

信号名称	简称	接头引脚号	功能及用途说明	I/O分类	控制模式		
					P	S	T
故障	ALM	CN1-48	电源断开时和保护电路工作主电路断开时 ALM 变为 OFF; 没有发生报警时, 电源变 ON 1.5 s 后 ALM 变为 ON	DO-1	○	○	○
准备完毕	RD	CN1-49	伺服开启处于可以运行状态时 RD 变为 ON	DO-1	○	○	○
定位完毕	INP	CN1-24	滞留脉冲在设置的到位范围内时 INP 变为 ON, 到位范围可以用参数 No.PA10 设置; 到位范围如果设置较大, 在低速转动时可能一直处于导通状态; 伺服开启后 INP 变为 ON	DO-1	○	—	—
速度到达	SA		伺服开启(SON) 为 OFF 或正转启动(ST1)和反转启动(ST2)都为 OFF 时伺服电动机的转速没有到达设置速度时变为 OFF。伺服电动机转动速度达到设置速度附近时 SA 变为 ON。设置速度在 20 r/min 以下时一直为 ON	DO-1	—	○	—

信号名称	简称	接头引脚号	功能及用途说明	I/O 分类	控制模式		
					P	S	T
速度限制	VLC	CN1-25	达到转矩控制模式下内部速度限制 1～7(参数 No.PC05～PC11)和模拟量速度限制(VLA)设置的限制速度时 VLC 变为 ON；伺服开启(SON)为 OFF 时变为 OFF	DO-1	—	—	○
转矩限制	TLC		输出转矩时到达正转转矩限制(参数 No.PA11)或反转转矩限制(参数 No.PA12)和模拟转矩限制(TLA)中设置的转矩时 TLC 变为 ON	DO-1	○	○	—
零速度	ZSP	CN1-23	伺服电动机转动速度为零速度(50 r/min)以下时，ZSP 变为 ON。零速度可以由参数 No.PC17 设置。 当零速度为 50r/min 时： 伺服电动机的转动速度为 50 r/min 时在减速点①处 ZSP 变为 ON，伺服电动机的转动速度再次上升到 70 r/min 的点②处 ZSP 变为 OFF。再次减速到 50 r/min 的点③处 ZSP 变为 ON，到达 70 r/min 的点④处变为 OFF； 伺服电动机的转动速度到达 ON 的级别，ZSP 变为 ON，再次上升到达 OFF 的级别，所以 MR-J3-A 伺服放大器的滞留幅度是 20 r/min	DO-1	○	○	○
电磁制动器互锁	MBR	—	通过设置参数 No.PD13～PD16 和 PD18 或参数 No.PA04 使该信号可以使用；伺服开启或报警时，MBR 变为 OFF	DO-1	△	△	△
警告	WNG	—	使用此信号时，设置参数 No.PD13～PD16 和 PD18 分配输出接头引脚；另外，分配之前的信号将不能继续使用；报警发生时 WNG 变为 ON。不发生报警时，电源 ON 约 1.5 s 后 WNG 变为 OFF	DO-1	△	△	△
电池警告	BWNG	—	使用此信号时，设置参数 No.PD13～PD16 和 PD18 分配输出接头引脚；另外，分配之前的信号将不能继续使用；电池断线报警(AL.92)或电池报警(AL.9F)发生时，BWNG 变为 ON。不发生电池报警时，电源接通约 1.5 s 后 BWNG 变为 OFF	DO-1	△	△	△

续表

信号名称	简称	接头引脚号	功能及用途说明						I/O 分类	控制模式		
										P	S	T
报警代码	ACD0	CN1-24	使用这些信号时，请将 No.PD24 设置为 "□□□1"；发生报警时输出该信号；没有发生报警时则分别输出通常的信号；报警代码和报警名称如下：						DO-1	△	△	△
	ACD1	CN1-23		报警代码			报警显示	名称				
				CN1-22	CN1-23	CN1-24						
				0	0	0	88888	看门狗				
							AL.12	存储器异常 1				
							AL.13	时钟异常				
							AL.15	存储器异常 2				
							AL.17	基板异常				
							AL.19	存储器异常 3				
							AL.37	参数异常				
							AL.8A	串行通信超时				
							AL.8E	串行通信异常				
				0	0	1	AL.30	再生制动异常				
	ACD2	CN1-22					AL.33	过电压				
				0	1	0	AL.10	欠电压				
				0	1	1	AL.45	主电路器件过热				
							AL.46	伺服电动机过热				
							AL.47	冷却风扇异常				
							AL.50	过载 1				
							AL.51	过载 2				
				1	0	0	AL.24	主电路异常				
							AL.32	过电流				
				1	0	1	AL.31	超速				
							AL.35	指令脉冲频率报警				
							AL.52	误差过大				
				1	1	0	AL.16	编码器异常 1				
							AL.1A	电动机配合异常				
							AL.20	编码器异常 2				
							AL.25	绝对位置丢失				
				注：0——OFF；1——ON								
可变增益选择	CHGS	—	可变增益中 CHGS 变为 ON						DO-1	△	△	△

信号名称	简称	接头引脚号	功能及用途说明	I/O分类	控制模式		
					P	S	T
绝对位置丢失	ABSV	—	如果绝对位置丢失 ABSV 变为 ON	DO-1	△	—	—
ABS 发送数据 bit0	ABSB0	CN1-22	输出 ABS 发送数据 bit0。只在 ABS 发送数据发送中 CN1-22 变为 ABSB0	DO-1	○	—	—
ABS 发送数据 bit1	ABSB1	CN1-23	输出 ABS 发送数据 bit1。只在 ABS 发送数据发送中 CN1-23 变为 ABSB1	DO-1	○	—	—
ABS 发送数据准备完毕	ABST	CN1-25	输出 ABS 发送数据准备完毕。只在 ABS 发送数据发送中 CN1-25 变为 ABST	DO-1	○	—	—

c. 输入信号(见表 5-7)

表 5-7　输入信号说明

信号名称	简称	接头引脚号	功能及用途说明	I/O分类	控制模式		
					P	S	T
模拟量转矩限制	TLA	CN1-27	在速度控制模式下使用此信号时，请通过参数 No.PD13～PD16·PD18 使 TL 可以使用；模拟量转矩限制(TLA)有效时伺服电动机输出转矩在全范围内限制转矩。TLA-LG 间请施加 DC 0～+10V。请将 TLA 和电源的正极相连接。+10V 时产生最大转矩。分辨率：10 位	模拟量输入	○	△	—
模拟量转矩指令	TC		控制全范围内的伺服电动机输出转矩。TC-LG 间请施加 DC 0～±8 V。±8 V 时产生最大转矩。另外，±8 V 输入时的转矩可以通过参数 No.PC13 修改	模拟量输入	—	—	○
模拟量速度指令	VC	CN1-2	VC-LG 间请施加 DC 0～±10 V，±10 V 时达到参数 No.PC12 设置的转速；分辨率：相当于 14 位	模拟量输入	—	○	—
模拟量速度限制	VLA		VLA-LG 间请施加 DC 0～+10 V。±10 V 时达到参数 No.PC12 设置的转速	模拟量输入	—	—	○
正转脉冲串反转脉冲串	PP NP PG NG	CN1-10 CN1-35 CN1-11 CN1-36	用于输入指令脉冲串；集电极开路方式时(最大输入频率 200 bplse/s)PP-DOCOM 间正转脉冲串 NP-DOCOM 间反转脉冲串；差动驱动方式时(最大输入频率 1 Mpulse/s)PG-PP 间正转脉冲串 NG-NP 间反转脉冲串指令脉冲串的形式可以由参数 No.PA13 设置	D1-2	○	—	—

d. 输出信号(见表 5-8)

表 5-8　输出信号说明

信号名称	简称	接头引脚号	功能及用途说明	I/O分类	控制模式		
					P	S	T
编码器Z相脉冲（集电极开路）	OP	CN1-33	输出编码器的零点信号，伺服电动机每转一周输出一个脉冲，每次到达零点位置时，OP 变为 ON（负逻辑）最小脉冲宽度约为 55 μs。在使用这个脉冲进行原点回归时，爬行速度应设置在 100 r/min 以下	DO-2	○	○	○

续表

信号名称	简称	接头引脚号	功能及用途说明	I/O分类	控制模式		
					P	S	T
编码器 A 相脉冲（差动方式）	LA LAR	CN1-4 CN1-5	在差动方式系统中输出参数 No.PA15 中设置的伺服电动机旋转一周输出的脉冲个数；	DO-2	○	○	○
编码器 B 相脉冲（差动方式）	LB LBR	CN1-6 CN1-7	当伺服电动机逆时针方向旋转时，编码器 B 相脉冲比编码器 A 相脉冲的相位滞后 π/2； A 相和 B 相脉冲的转动方向和相位差之间的关系可用参数 No.PC19 变更				
编码器 Z 相脉冲（差动方式）	LZ LZR	CN1-8 CN1-9	以差动方式输出与 OP 相同的信号	DO-2	○	○	○
模拟量监控 1	MO1	CN6-3	参数 No.PC14 中设置的数据以 MO1-LG 间的电压输出； 分辨率：10 位	模拟量输出	○	○	○
模拟量监控 2	MO2	CN6-2	参数 No.PC15 中设置的数据以 MO2-LG 间的电压输出； 分辨率：10 位	模拟量输出	○	○	○

（2）通信信号说明(见表 5-9)

表 5-9　通信信号说明

信号名称	简称	接头引脚号	功能及用途说明	I/O分类	控制模式		
					P	S	T
RS-422I/F	SDP SDN RDP RDN	CN3-5 CN3-4 CN3-3 CN3-6	RS-422 通信用端子	—	○	○	○
RS-422 终端	TRE	CN3-8	RS-422 接口的终端电阻连接端子； 伺服放大器为最后一根轴时请和 RDN(CN3-6)短接	—	○	○	○

（3）电源信号说明(见表 5-10)

表 5-10　电源信号说明

信号名称	简称	接头引脚号	功能及用途说明	I/O分类	控制模式		
					P	S	T
数字接口用电源输入	DICOM	CN1-20 CN1-21	请接入输入接口，用 DC 24 V(300 mA)。电源容量根据使用的输入/输出接口的点数有所不同； 请连接 DC 24V 外部电源，DC 24×(1±10%)V	—	○	○	○
集电极开路电源输入	OPC	CN1-12	以集电极开路方式输入脉冲串时，此端子连接外部 DC 24V	—	○		
数字接口用公共端	DOCOM	CN1-46 CN1-47	SON、EMG 等输入信号的公共端子。相同引脚号在内部是相连通的，与 LG 是隔离的	—	○	○	○
DC 15V 电源输出	P15R	CN1-1	在 P15R-LG 间输出 DC 15 V。可以作为 TC、TLA、VC 和 VLA 用的电源使用； 允许电流 30 mA	—	○	○	○
控制公共端	LG	CN1-3 CN1-28 CN1-30	TLA、TC、VC、VLA、FPA、FPB、OP、MO1、MO2 和 P15R 的公共端； 相同引脚号在内部是相连通的	—	○	○	○

控制公共端	LG	CN1-34 CN3-1 CN3-7 CN6-1		—	○	○	○
屏蔽端	SD	金属板	把屏蔽端线和外部导体相连	—	○	○	○

5.4 伺服驱动器的接线

1. 位置控制接线

位置控制接线如图 5-5 所示。

图 5-5 位置控制接线

说明：

① 为防止触电，必须将伺服放大器保护接地（PE）端子（有标记）连接到控制柜的保护地端子（PE）上。

② 必须安装紧急停止开关（常闭触点）。

③ 运行时，紧急停止信号（EMG）、正转/反转行程末端（LSP、LSN）必须为 ON。（常闭触点）

④ 故障端子（ALM）在无报警正常运行时为 ON，变为 OFF（发生故障）时须通过顺控程序停止可编程控制信号。

⑤ 同名信号在伺服放大器内部是接通的。

2．速度控制接线

速度控制接线如图 5-6 所示。

图 5-6　速度控制接线

说明：

① 为防止触电，必须将伺服放大器保护接地（PE）端子（有标记）连接到控制柜的保护地端子（PE）上。

② 必须安装紧急停止开关（常闭触点）。

③ 运行时，紧急停止信号（EMG），正转/反转行程末端（LSP、LSN）必须为 ON。（常闭触点）

④ 故障端子（ALM）在无报警正常运行时为 ON，变为 OFF（发生故障）时须通过顺控程序停止可编程控制信号。

⑤ 同名信号在伺服放大器内部是接通的。

3. 转矩控制接线

转矩控制接线如图 5-7 所示。

图 5-7　转矩控制接线

说明：

① 为防止触电，必须将伺服放大器保护接地（PE）端子（有标记）连接到控制柜的保护地端子（PE）上。

② 必须安装紧急停止开关（常闭触点）。

③ 二极管的方向不能接反，否则伺服放大器产生故障，信号不能输出，紧急停止（EMG）等保护电路可能无法正常工作。

④ 故障端子（ALM）在无报警正常运行时为 ON。

⑤ 同名信号在伺服放大器内部是接通的。

5.5 定位模块的应用

5.5.1 QD75 定位模块特点

1. 单轴、双轴以及四轴用模块

① 本系列共有 6 种机型：采用脉冲输出的集电极开路输出方式的 QD75P1、QD75P2 和 QD75P4 型 3 种，以及差动驱动输出方式的 QD75D1、QD75D2 和 QD75D4 型 3 种。

② 在基板上安装 QD75 时，需占用一个插槽，而每个 QD75 占用 I/O 的点数均为 32 点。在可编程控制器 CPU 的输入/输出点数范围内，最大允许安装 64 个定位模块。

2. 丰富的定位控制功能

① 具备大量定位系统所必需的功能：

- 每轴最大允许对 600 个定位地址、控制方式、运行模式等定位数据进行设置。

以上定位数据均保存于缓冲存储器内，能够自由进行数据的读/写操作。

- 能够采用直线控制方式对各轴（最大能够同时执行 4 根轴）进行定位。

本控制方式不仅能够利用一个定位数据进行单独定位，也能使用多个定位数据进行连续定位控制。

- 在同时对多轴进行定位控制时，可以通过 2 轴-4 轴的速度控制和位置控制进行直线插补控制；也能采用 2 轴进行圆弧插补控制。

以上控制，除了可以利用一个定位数据进行单独定位以外，还能利用多个定位数据进行连续定位。

② 使用各种定位数据指定的控制方式有位置控制、定长进给控制、速度控制、速度/位置切换控制、位置/速度切换控制等方式。

③ 原点回归控制功能的增强：

- "机械原点回归"的原点回归方式。有近点 DOG 方式（1 种）、挡板停止方式（3 种）、计数方式（两种）共 6 种。

- 为了实现由任意位置向机械原点的原点回归控制，本模块还具备原点回归重试功能。（所谓机械原点是指进行定位控制等的控制起点，可以通过上述机械原点回归功能确立原点。）

④ 本装置共有自动梯形图加减速和 S 型加减速这两种加减速方式，用户可以根据需要自行选择使用。（采用步进电动机时，无法进行 S 型加减速）

3. 高速化的启动处理

为了实现定位启动处理的高速化，启动处理时间缩短为 6～7 ms。另外，在执行同步启动（处于独立运行或插补法运行方式）时，不会出现轴间启动延迟。

4. 实现了输出脉冲高速化以及与驱动单元间通信的远程化

使用 QD75D1/QD75D2/QD75D4 差动驱动型模块，可实现高速化和远程化。

- 使用 QD75D1/QD75D2/QD75D4 差动驱动型模块时：1 Mpulse/s，最大 10 m。
- 使用 QD75P1/QD75P2/QD75P4 集电极型开路的场合：200 kpulse/s，最大 2 m。

- 使用 AD75 差动驱动模块时：400 kpulse/s，最大 10 m。

5．易于维护

QD75 如下所述，提高了设备的可能性：

① 定位数据、参数等各种数据，能够保存于 QD75 的快闪存储器中。因此，即使电池掉电，数据也不会丢失。

② 故障内容更为细分化，一次诊断能力进一步得到提高。

③ 能够分别保存 16 个故障/警告的内容。

6．能够使用智能模块专用指令

① 设计了定位启动指令、示教指令等专用指令。

② 通过使用专用指令，可以简化程序。

7．能够通过定位用软件包，对定位模块进行设置、监视和测试

① 通过定位用软件包，可以不考虑缓冲器地址，直接对 QD75 的参数以及定位数据进行设置。

② 在编写定位控制用的顺控程序之前，可以使用定位用软件包的测试功能对接线进行检查，并能通过已设置的参数和定位数据执行 QD75 的试运行。

另外，通过对控制状态进行监视等手段，可以大大提高调试效率。

5.5.2　定位模块的选择

定位模块的选择有多种，例如三菱的 FX 系列就有 20GM 和 20SSC，Q 系列的有 QD75P、QD75D、QD75M、QD75MH 等多种，而且还可以有多轴选择。下面将主要对 Q 系列定位模块进行分析。

1．QD75P1、QD75P2 和 QD75P4 的性能规格（见表 5-11）

表 5-11　QD75P1、QD75P2 和 QD75P4 的性能规格

项　　目	规　　格		
	QD75P1	QD75P2	QD75P4
轴数	1 个轴	2 个轴	4 个轴
最大输出脉冲数	200 kpulse/s		
伺服系统之间的最大连接距离	2 m		
适用线径	0.3 mm²(当使用 A6CON1 时)； AWG#24(当使用 A6CON2 时)； AWG#23(当使用 A6CON4 时)		
适用连接器	A6CON1、A6CON2、A6CON4		
占用的 I/O 点数	32 点		
DC 5V 电流消耗/A	0.40	0.46	0.58
闪存 ROM 写次数	最大 100 000 次		
质量/kg	0.15	0.15	0.16

2. QD75D1、75D2 和 QD75D4 的性能规格（见表 5-12）

表 5-12　QD75D1、QD75D2 和 QD75D4 的性能规格

项　目	规　格		
	QD75D1	QD75D2	QD75D4
轴数	1 个轴	2 个轴	4 个轴
最大输出脉冲数	1 Mpulse/s		
伺服系统之间的最大连接距离	10 m		
适用线径	0.3 mm^2(当使用 A6CON1 时)；AWG#24(当使用 A6CON2 时)；AWG#23(当使用 A6CON4 时)		
适用连接器	A6CON1、A6CON2、A6CON4		
占用的 I/O 点数	32 点		
DC 5V 电流消耗/A	0.52	0.56	0.82
闪存 ROM 写次数	最大 100 000 次		
质量/kg	0.15	0.15	0.16

3. 外围设备连接器信号布局（p 和 d）（见表 5-13）

表 5-13　外围设备连接器信号布局

引脚布局	轴 4（AX4）		轴 3（AX3）		轴 2（AX2）		轴 1（AX1）	
	引脚编号	信号名称	引脚编号	信号名称	引脚编号	信号名称	引脚编号	信号名称
	2B20	空	2A20	空	1B20	PULSERB-	1A20	PULSERB+
	2B19	空	2A19	空	1B19	PULSERA-	1A19	PULSERA+
	*3	PULSE R	*3	PULSE R	*3	PULSE R	*3	PULSE R
	2B18	PULSE R-	2A18	PULSE R-	1B18	PULSE R-	1A18	PULSE R-
	*3	PULSE COM	*3	PULSE COM	*3	PULSE COM	*3	PULSE COM
	2B17	PULSE R+	2A17	PULSE R+	1B17	PULSE R+	1A17	PULSE R+
	*3	PULSE COM	*3	PULSE COM	*3	PULSE COM	*3	PULSE COM
	2B16	PULSE F-	2A16	PULSE F-	1B16	PULSE F-	1A16	PULSE F-
	*3	PULSE F	*3	PULSE F	*3	PULSE F	*3	PULSE F
	2B15	PULSE F+	2A15	PULSE F+	1B15	PULSE F+	1A15	PULSE F+
	2B14	CLRCOM	2A14	CLRCOM	1B14	CLRCOM	1A14	CLRCOM
	2B13	CLEAR	2A13	CLEAR	1B13	CLEAR	1A13	CLEAR
	2B12	RDYCOM	2A12	RDYCOM	1B12	RDYCOM	1A12	RDYCOM
	2B11	READY	2A11	READY	1B11	READY	1A11	READY
	2B10	PGOCOM	2A10	PGOCOM	1B10	PGOCOM	1A10	PGOCOM
	2B9	PGO5	2A9	PGO5	1B9	PGO5	1A9	PGO5

（引脚布局列）B20〜B1、A20〜A1

续表

引脚布局	轴 4 （AX4）		轴 3 （AX3）		轴 2 （AX2）		轴 1 （AX1）	
	2B8	PGO24	2A8	PGO24	1B8	PGO24	1A8	PGO24
	2B7	COM	2A7	COM	1B7	COM	1A7	COM
	2B6	COM	2A6	COM	1B6	COM	1A6	COM
	2B5	CHG	2A5	CHG	1B5	CHG	1A5	CHG
	2B4	STOP	2A4	STOP	1B4	STOP	1A4	STOP
	2B3	DOG	2A3	DOG	1B3	DOG	1A3	DOG
	2B2	RLS	2A2	RLS	1B2	RLS	1A2	RLS
	2B1	FLS	2A1	FLS	1B1	FLS	1A1	FLS

注：*1 用 1□□□ 表示的引脚编号表示右侧连接器的引脚编号；用 2□□□ 表示的引脚编号表示左侧连接器的引脚编号。

*2 关于 QD75P1 或 QD75D1 ， 1B1～1B18 将是"空"。

*3 假如上面一排和下面一排显示信号名称，则上面一排表示 QD75P1、QD75P2 和 QD75P4 的信号名称，下面一排表示 QD75D1、QD75D2 和 QD75D4 的信号名称。

5.5.3 QDP1 的使用

对于这一模块的使用，将通过 GX Configurator-QP 的操作程序和功能进行介绍。

GX Configurator-QP 可以通过 QCPU、Q 相应的串行口通信模块或 Q 相应的 MELSECNET/H 网络远程 I/O 模块实现下列功能：

① 定位数据和参数的设置。

② 通过定位数据进行模拟。

③ 从/向定位模块读取/写入数据。

④ 定位控制状态的监视。

⑤ 定位控制试运行。

⑥ QCPU 软元件和 QD75 缓冲存储器之间的自动刷新设置。

GX Configurator-QP 可用于下列定位模块，如表 5-14 所示。

表 5-14　可用 GX Configurator-QP 的模块

定 位 类 型	类 型
开集电极输出类型	QD75P1、QD75P2、QD75P4
差动驱动器输出类型	QD75D1、QD75D2、QD75D4
SSCNET 连接类型	QDM1、QDM2、QDM4

GX Configurator-QP 可以通过下列模块访问，如表 5-15 所示。

表 5-15　可访问 GX Configurator-QP 的模块

模 块 类 型	类 型
QCPU	Q00JCPU、Q00CPU、Q01CPU、Q02CPU、Q06CPU、Q12HCPU、Q25HCPU、Q12PHCPU、Q25PHCPU
Q 相应的串行口通信模块	QJ71C24、QJ71C24 R2
Q 相应的 MELSECNET/H 网络远程 I/O 模块*	QJ72LP25、QJ72BR15、QJ72LP25G、QJ72LP25GE

注：*表示仅当与远程 I/O 模块直接连接时。

1. 特点

（1）多工程同时编辑

可以同时打开多个工程，本软件可以很容易地对定位数据和块启动数据（通过复制和粘贴进行使用）进行编辑。

（2）多模块的高效调试

既然 GX Configurator-QP 可以通过 QCPU、Q 相应的串行口通信模块或 Q 相应的 MELSECNET/H 网络远程 I/O 模块（*）对 QD75 进行访问，所以不需要与主/扩展基板上的 QD75 直接连接的电缆。

而且，由于需要连接的 QD75 通过工程进行设置，所以可以向多模块批量写入数据或对其进行监视。

使用多 QD75 时，可以降低软件启动等待时间和手工操作时间，提高调试效率。

（3）实现最佳定位数据

无须复杂的计算即可实现最佳定位数据设置定位数据，可以通过副弧设置以及自动轴速度设置进行设置。副弧设置产生于两条指定的线性插补控制数据、圆弧插补控制数据，其中两条线性路径所形成的角度转化为圆弧（曲线）路径。副轴速度设置根据工作时间、位移、加速/减速时间以及电动机规格等计算轴速度（指令速度）。

2. 功能列表

GX Configurator-QP 主要功能如表 5-16 所示。

表 5-16　GX Configurator-QP 主要功能

功　　能		说　　明	所用的 QD75	
			QD75P/QD75D	QD75M
编辑	参数设置	设置#1 基本参数、#2 基本参数、#1 和#2 扩展参数、OPR 基本参数和 OPR 扩展参数	○	○
	伺服参数设置	设置伺服基本参数、伺服调节参数和伺服扩展参数	×	○
	定位数据设置	在轴基础上设置定位数据，例如模式、控制方式、加速/减速时间地址	○	○
	M 代码注释设置	为定位数据在轴基础上指定的 M 代码设置注释	○	○
	副弧	通过循环插补自动生成定位数据确保在两个连续轴线性插补交点处平滑移动	○	○
	轴速度自动设置	通过设置从定位启动至到达目标位置所需的时间自动计算匀速运动时轴的速度	○	×
	块启动数据设置	在轴基础上设置点所指定的定位数据启动模式等	○	○
	条件数据设置	在轴基础上设置作为块启动数据中特殊启动条件的数据	○	○
	模拟	从设置定位数据模拟轴动作、显示波形数据进行单轴控制。显示轨迹数据进行两根轴插补控制	○	○
监视	定位监视	从定位数据编辑窗口输入监视模式并在工作工程中对定位数据进行监视	○	○
	块启动监视	从块启动数据编辑窗口输入监视模式并在工作工程中对块启动数据进行监视	○	○

功　能		说　　明	所用的 QD75	
			QD75P/QD75D	QD75M
监视	动作监视	监视所有轴的工作状态，例如进给当前值、轴进给速度、轴状态以及被执行定位数据的编号	○	○
	历史记录监视	对所有轴的启动历史记录、警告及出错进行监视	○	○
	信号监视	对所有轴的状态信号、外部信号或 X/Y 软元件进行监视	○	○
	动作监视	对所有轴的控制状态、QD75 参数设置或其他进行监视	○	○
	伺服监视	对所有的伺服放大器和伺服电动机的状态进行监视	×	○
	采样监视 信号	在同步采样的同时对指定的信号进行监视	○	○
	采样监视 缓冲存储器	在同步采样的同时对指定的缓冲存储器数据进行监视	○	○
	系统监视	显示指定 QD75 的类型和 I/O 地址以及站的系统配置	○	○
测试	无电缆模式	在伺服放大器和电动机之间不进行布线的情况下单独对 QD75 进行测试	○	×
	定位数据编辑	在测试模式下写入设置	○	○
	操作测试 定位开始	指定定位数据数量及块启动数据点数并进行试运行	○	○
	操作测试 当前值更改	执行进给当前值的更改测试	○	○
	操作测试 速度更改	在定位启动测试的轴上进行速度更改测试	○	○
	操作测试 OPR	进行原点复位测试	○	○
	操作测试 微动运行	进行微动运行测试	○	○
	操作测试 寸动运行	通过实际操作使轴移动指定距离	○	○
	操作测试 MPG 运行	通过手动脉冲发生器进行试运行	○	○
诊断	检查连接	显示外围设备的信号。此外，通过微动运行时对初始运行进行测试	○	×
跟踪	波形显示	在规定的时间跟踪速度指令并显示有关时间轴的波形数据	○	×
	轨迹显示	在规定的时间跟踪位置指令或实值并显示轴的跟踪数据	○	×
扩展	自动刷新设置	在 QD75 和 QCPU 之间分配 QD75 缓冲存储器和 QCPU 软元件以便自动刷新	○	○
	导航	根据导航进行操作（从参数和定位数据设置到简单的试运行及设置数据存储）	○	×

5.5.4　GX Configurator-QP 的基本应用操作

1．创建新工程

设置用来创建新工程及工程项目的 QD75 类型（以创建 QD75P1 为例）。

选择"开始"→程序→MELSOFT APPlication→GX Configurator-QP 命令打开定位模块设置软件，单击"新建"按钮，弹出创建新工程对话框，如图 5-8 所示。

单击 Reference 按钮，弹出如图 5-9 所示对话框。

图 5-8 创建新工程

图 5-9 选择类型

在图 5-10 中进行选择后单击 OK 按钮，弹出如图 5-10 所示对话框。

图 5-10 设置工程名称

① 设置工程保存路径为(自定义)。

② 设置工程名称。

指定工程文件名称时,最多可以用 150 个字符设置工程路径和工程名称。单击 OK 按钮,创建一个新的工程。

2. 在新创建的工程里进行通信连接

① 选择菜单栏中的 Online→Connection setup 命令,如图 5-11 所示。

图 5-11 在新创建的工程里进行通信连接

② 弹出通信参数设置对话框,如图 5-12 所示。

图 5-12 通信参数设置

通信参数设置说明如表 5-17 所示。

表 5-17 通信参数设置说明

条 目	说 明
(个人计算机)	① 连接个人计算机侧接口的类型; ② 选择范围为 RS-232 或 USB(如果串行口通信或梯形图逻辑试验作为 PLC 侧接口被选定,则固定为 RS-232C); ③ 使用 PC-CPU 模块时,选择 Q 系列总线

续表

条　　目	说　　明
COM	① 如果个人计算机侧的接口为 RS-232C,选择 COM 口; ② 选择范围为 COM1～COM10
波特率	① 如果个人计算机侧的接口为 RS-232C,选择波特率; ② 选择范围为 9.6 kbit/s～115.2 kit/s
(PLC 侧接口)	① 选择需要连接的 PLC 的类型; ② 选择 PLC、串行口通信或梯形图逻辑试验
PLC 类型	选择通信 QD75 或远程 I/O 的控制 PLC 的类型
多 PLC 指定	在多 PLC 系统配置中,选择通信 QD75 的控制 PLC 的 PLC 编号,选择范围:不选、1 号 PLC、2 号 PLC、3 号 PLC 及 4 号 PLC。对于单个 PLC 的系统配置,选择"不选"或"1 号 PLC"
I/O 地址	用十六进制对需要访问的 QD75 的 I/O 地址 (起始 I/O 地址号) 进行设置
等待时间	设置 QD75 接收 GX Configurator--QP 启动或类型请求前的超时时间,如果出现超时情况,所有正在工作的轴都将停止
超时时间	设置通信出错时的通信中止时间
通信试验	无论连接设置屏幕上设置的目标 PLC CPU 是否能访问,都对其进行试验。在可以访问的情况下,显示被访问的 PLC CPU 及通信速度

这里只要参考实际的硬件配置进行设置即可。

在相应文本填写完成后,进行通信测试。单击 comm.test 按钮,如果显示 Succeeded in connection with QD75P1 (Q00J),表示通信正常。

3．检查连接

目的:确保 QD75P 和伺服放大器之间以及伺服电动机、伺服放大器和外围设备之间的电缆正确连接。

基本操作:

① 接通定位控制系统的电源并停止 PLC CPU。

② 设置连接目标。

③ 选择 Diagnosis→Checking connect (见图 5-13)。

图 5-13　监控选择

④ 在检查连接窗口中点击 Online 按钮,如图 5-14 所示。

⑤ 确保外部 I/O 信号处于下列状态:

● 驱动器模块准备完毕,上限、下限:ON (红色)。

● 停止位：OFF(灰色)。

图 5-14　输入输出标志

⑥ 设置微动速度。

显示效果如图 5-15 所示。

图 5-15　监控状态显示

单击 RVS 按钮、FWD 按钮对其电动机进行控制（正反转）。

出现异常时，应通过帮助功能检查错误代码内容，然后单击 Online→test→error reset→error reset #1-#4。

4．进入 GX Configurator-QP 初始界面

选择 Project information 可查看相应的工程信息，如图 5-16 所示。

图 5-16　软件初始界面

项目信息如图 5-17 所示。

图 5-17　项目信息

在 Edit 中进行数据定义：

对需要写入 QD75 的块启动数据、定位数据、伺服参数及参数进行设置，并通过模拟或错误检查功能设置范围和数据匹配情况进行检查。

在开始进行定位操作之前，向 QD75 写入当前参数、伺服参数、定位参数及块启动数据。

5. 参数设置

有以下基本需要设置的参数：基本参数、扩展参数、OPR 基本参数、OPR 扩展参数。基本参数和扩展参数分为用于系统启动的参数 1 以及根据连接外围设备和控制进行优化的参数 2。

基本操作步骤：

① 选择参数。选择左侧窗格中的 Edit→Parameter data 选项。

② 在参数编辑窗口中进行设置，如图 5-18 所示。

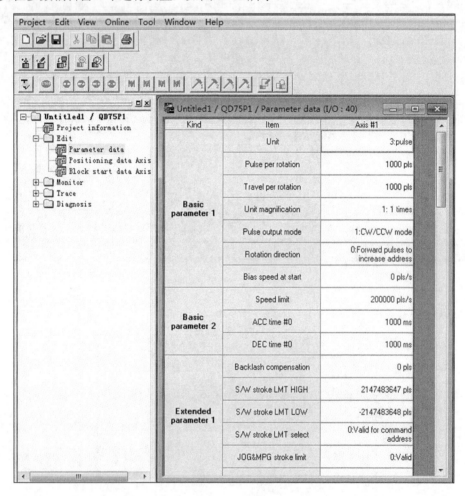

图 5-18　参数设置

- 双击单元格并在文本框或列表框中进行设置。
- 在文本框中，可以通过右键菜单对最大值、最小值、默认值进行设置。
- 如果是通过键盘进行操作，应输入数值并按【Enter】键确认。
- 在显示设置值和设置数据的列表框中，按空格键显示列表。
- 按【↑】或【↓】键进行选择，按【Enter】键确定所输入的值。

要点：在参数编辑窗口中，不同的显示内容所表示的含义如下。

- 蓝色字元：默认（初始化）设置。
- 黑色字元：默认值设置以外的设置（无错误）。
- 红色字元：设置范围错误。

由于更改模块设置将会改变设置的范围，所以除默认值设置外的任何设置（黑色字元）都可能引起设置范围出错。更该模块设置之后，应进行出错检查确认设置。

只有在采用功能版本为 B 或者更新版本的 QD75 情况下，扩展参数 1 中的速度/位置功能选择才有效。

6. 定位数据设置

目的：对定位数据进行设置，例如运行模式、控制方式、SLV 轴、加速时间编号、减速时间编号、地址和指令速度。

基本操作：

① 选择设置定位数据的轴。选择图 5-18 左侧窗格中的 Edit→Positioning data Axis #1 选项。

② 在定位数据编辑窗口中设置数据，如图 5-19 所示。

No.	Pattern	CTRL method	SLV axis	ACC(ms)	DEC(ms)	Positioning address [pls]	Arc Address [pls]	Command speed [pls/sec]	Dwell time [ms]	M code
1	0:END	1:ABS line1	·	0;1000	0;1000	2000	0	100	0	0
2	1:CONT	1:ABS line1	·	0;1000	0;1000	30000	0	100	0	0
3	1:CONT	1:ABS line1	·	0;1000	0;1000	40000	0	100	0	0
4										
5										
6										
7										
8										
9										
10										
11										
12										
13										
14										
15										
16										
17										
18										
19										

图 5-19 定位数据设置

双击单元格并在文本框或列表框中进行设置。具体设置值的含义如表 5-18 所示。

表 5-18 具体设置值的含义

条 目	说 明
No（编号）	显示定位数据编号：位于第 1～600 范围的定位数据。但是，第 1～100 则显示初始设置。要更改显示范围，可使用选项功能
Pattern（模式）	选择定位控制运行模式，选择范围 0～2。0: END（结束指令）；1: CONT(继续定位控制)；2: LOCUS（继续轨迹定位控制）
CTRL Method（CTRL 方式）	从 1～9 及 A～Z 中选择运行定位控制方式
	1: ABS 线 1[#1 轴直线控制(ABS)]
	2: INC 线 1[#1 轴直线控制（INC）]
	3: 进给 1（#1 轴固定进给控制）

条　目	说　明
CTRL 方式	4：FWD V1[#1 轴速度控制（前进）]
	5：RVS　V1[#1 轴速度控制（倒退）]
	6：FWD V/P[速度-位置切换控制（前进）]
	7：RVS　V/P[速度-位置切换控制控制（倒退）]
	8：FWD P/V[位置-速度切换控制（前进）]
	9：RVS P/V[位置-速度切换控制（倒退）]
	A：ABS 线 2[#2 轴直线插补控制（ABS）]
	B：INC　线 2[#2 轴直线插补控制（INC）]
	C：进给 2　(#2 轴直线插补固定进给控制)
	D：ABS ArcMP[通过指定副点（ABS）进行圆弧插补控制]
	E：INC ArcMP[通过指定副点（INC）进行圆弧插补控制]
	F：INC ArcRGT[通过指定中心点（ABS/CW）进行圆弧插补控制]
	G：INC ArcLFT[通过指定中心点（ABS/CCW）进行圆弧插补控制]
	H：INC ArcRGT[通过指定中心点（INC/CW）进行圆弧插补控制]
	I：INC ArcLFT[通过指定中心点（INC/CCW）进行圆弧插补控制]
	J：FWD V2[#2 轴速度控制（前进）]
	K：RVS V2[#2 轴速度控制（倒退）]
	L：ABS Line 3[#3 轴　直线插补（ABS）]
	M：INC Line 3[#3 轴直线插补（INC）]
	N：Feed 3(#3 轴直线插补固定进给控制)
	O：FWD V3[#3 轴速度控制（前进）]
	P：RVS V3[#3 轴速度控制（倒退）]
	Q：ABS Line 4[#4 轴　直线插补（ABS）]
	R：INC Line 4[#4 轴直线插补（INC）]
	S：Feed 4(#4 轴直线插补固定进给控制)
	T：FWD V4[#4 轴速度控制（前进）]
	U：RVS V4[#4 轴速度控制（倒退）]
	V：NOP(NOP 指令)
	W：地址 CHG (当前值更改)
	X：JUMP(JUMP 指令)
	Y：LOOP(LOOP 指令开始清除到 LEND 指令部分)
	Z：LEND(从 LOOP 指令结尾清除到 LEND 指令部分)
SLV axis（SLV 轴）	控制方式为线行插补控制（2 轴）或圆弧插补控制时，设置插补轴。使用 SLV 轴设置对话框
ACC、DEC	从 0～3 中选择 ACC 时间或 DEC 时间并在基本参数 2 和扩展参数 2 中进行设置
Positioning address（定位地址）	为绝对系统设置地址或为递增系统设置移动距离；设置控制方式为地址更改时新的当前值

条 目	说 明
Arc Address （圆弧地址）	设置辅助点或中心点（指定用于圆弧插补控制）的地址。
Command speed （指令速度）	设置定位指令速度。将指令速度设置为"-1"，在当前速度下进行控制
Dwell time （停留时间）	① 控制方式不包括 JUMP。设置下一个定位数据完成之前的延迟时间为 0～65 535 ms； ② 控制方式为 JUMP。设置跳转目的地 1～600 任意位置
M code（M 代码）	① 控制代码不包括 JUMP 或 LOOP。与 1～65 535 ms 范围内的定位控制同步设置 M 代码（用于进行工作，处理等）； ② 控制方式为 JUMP，设置 1～10 范围内任意条件数据（用作 JUMP 指令执行条件），条件控制器为"同步启动轴装置"的条件数据设置无效，设"0"无条件执行 JUMP 指令； ③ 控制方式为 LOOP，在 1～66535 范围内设置重复计数
定位注释	每个定位数据分配一条注释。最多可以设置 32 个字符的注释

要点：定位数据编辑窗口中单元格（列表）颜色的含义。

- 黄色：不得进行设置，因为数据在插补控制的插补轴一侧。
- 红色：项目需要设置、尚未设置或出错。
- 灰色：不需要进行设置（设置值无效）。

块数据的定义：

- 对于块数据的定义一般不常用，所以在此不再进行介绍。
- 以上各文本位置的定义，根据实际的控制功能进行定义。

7. 监控伺服系统工作状态

基本操作：

① 选择监控。选择图 5-18 左侧窗格中的 Monitor→Operation monitor 选项。

② 打开 Operation monitor 界面进行监控，如图 5-20 所示。

图 5-20 操作监控

单击图 5-20 中的 Monitor Start 按钮，显示效果如图 5-21 所示（可对伺服进行监控，并且显示伺服是否有错误，如图中 Error103）。

图 5-21　监控开始

对于 Monitor 中的 Sampling monitor (Signal)（采样监控标志），Sampling monitor(Buffer)（取样监控缓冲）这里不做详细说明。

5.6　运动控制 CPU 的应用

5.6.1　运动控制 CPU 简介

1. 主要特点

Q 系列运动控制 CPU 包括 Q172、Q173 两种基本类型，可分别用于 8 轴与 32 轴的定位控制。

以运动控制 CPU（Q172、Q173）为核心构成的 PLC 系统主要有以下特点：

① 具备常用的顺序控制指令与多种运动控制应用指令，并可用运动控制 SFC 编程、专用语言（SV22）进行编程。

② 增强了位置控制功能。系统可以实现点定位、回原点、直线插补、圆弧插补、螺旋线插补，并可以进行速度、同步等控制。

③ 提高了操作性能。PLC 可以连接 3 台手轮与多种外部接口（如 PC/AT 兼容机接口、USB 接口、SSCNET 接口、绝对位置编码器接口等），并且可以进行手动、自动、回原点等多种操作。

2. 系统结构

在系统构成上，运动控制 CPU 一般与基本型高性能、通用型 CPU 一起使用，构成多 CPU 系统。

作为执行位置控制系统的驱动与执行元件，需要根据控制要求，配置相应的步进驱动器、步进电动机或伺服驱动器、伺服电动机、直线电动机等驱动部分。驱动器与 CPU 间通过 SSCNET 构成触摸屏、文本单元等人机操作界面。

3．基本性能

Q 系列运动控制 CPU 目前有两种规格，即 Q172 与 Q173。两种 CPU 的主要性能与参数如表 5-19 所示，运动 SFC 的性能如表 5-20 所示。

表 5-19　Q173/Q172 过程控制性能一览表

项　　目		性 能 参 数	
		Q173	Q172
最大控制轴数		32	8
运算周期	SV13	0.88 ms/1~8 轴 1.77 ms/9~16 轴 3.55 ms/17~18 轴	0.88 ms/1~8 轴
	SV22	0.88 ms/1~4 轴 1.77 ms/5~12 轴 3.55 ms/17~32 轴 7.11 ms/25~32 轴	0.88 ms/1~4 轴，1.77 ms/5~8 轴
编语言程		运动控制 SFC,专用定位指令、机械定位语言	
程序容量	伺服控制程序	14 KB	
	总容量	287 KB	
通用编程功能	可编程最大 I/O 点	8 192	
	可控制最大 I/O 点	256	
	内部继电器（M）	合计 8 192 点	
	锁存继电器（L）		
	链接继电器（B）	8 192 点	
	报警继电器（F）	2 048 点	
	特殊继电器（M）	256 点	
	数据寄存器（D）	8 192 点	
	连接寄存器（W）	8 192 点	
运动编程	运动寄存器（#）	8 192 点	
	自动运行定时器（FT）	1 点	
	定位点数	3 200 点	
	M 代码编程	可以	
运动控制功能	插补方式	4 轴直线插补、2 轴直线插补、3 轴螺旋线插补	
	控制方式（SV13/SV22）	点定位、速度控制、速度/位置切换控制、固定进给、等速控制、位置跟随控制、速度切换控制、高速振动控制、同步控制	
	控制方式(SV43)	点定位、高速振动控制、等速控制	
	加减速控制	线性加速、S 行加速	
	绝对位置检测	可以使用	
	调节补偿	电子齿轮、漂移补偿	
	操作方式	手动、回原点、自动、示教、手轮、同步	

项 目		性 能 参 数	
		Q173	Q172
接口连接功能	编程接口	PC/AT 兼容机	
	外部接口	SSCENT、USB、RS-232	
	手轮连接	3 台	
	限位开关输出	32 点	
	可安装的相关单元： Q172LX:4 台　　Q172LX:1 台 Q173PX:4 台　　Q173LX:3 台 Q172EX:4 台　　Q172LX:6 台		

表 5-20　运动 SFC 的性能

项 目			Q173 CPU(N)/Q172 CPU(N)
程序容量	代码合计（运动 SFC 图+运算控制+转移）		287 KB
	文本合计（运算控制+转移）		224 KB
运动 SFC 程序	运动 SFC 程序数		256（No.0～255）
	运动 SFC 图大小/一个程序		最大 64 KB（包括运动 SFC 图注解）
	运动 SFC 步数/一个程序		最多 4 094 步
运算控制程序（F/FS）/转移程序（G）	运算控制程序的数目		F（执行一次类）和 FS（扫描执行类）加起来为 4096（F/FS0～F/FS4095）
	转换程序的数目		4 096（G0～G4095）
	代码大小/一个程序		最大 64 KB（32 766 步）
	（）嵌套/一块		最大 32 KB
	表达式	运算控制程序	计算式/位条件式
		转移程序	计算式/位条件式/比较条件式
执行规格	同时执行程序的数量		最大 256
	同时激活步数		最大 256 步/所有程序
	执行的任务	普通任务	在运动主周期里执行
		事件任务（可做标记）固定周期	在因定周期里执行（0.88 ms、1.77 ms、3.55 ms、7.11 ms、14.2 ms）
		外部中断	中断模块 QI60 的 16 点输入中已设置的输入为 ON 时 QI60(16 点)
		PLC 中断	来自 PLC 的中断指令执行
		NMI 任务	中断模块 QI60 的 16 点输入中已设置的输入为 ON 时 QI60（16 点）
I/O(X/Y)点数			8 192 点

Q173 和 Q172 是继 A 系列运动控制器的更新换代产品。Q173 可控制 32 轴；（SV22　4 轴）仅为 0.88 ms，是以往的 1/4。Q173 和 Q172 CPU 单元具有运动处理器，能高速度完成高精度计算和大量数据通信，具有多轴插补、速度多样的运动控制器。

5.6.2 运动控制 CPU 的使用

1. 运动系统构成

设备构成、外围设备构成、Q173 CPU(N)/Q172 CPU(N)系统构成概要描述如下：

① Q173 CPU(N)系统的设备构成如图 5-22 所示。

图 5-22　Q173 CPU(N)系统的设备构成

说明：内置可充电池的可连续掉电时间，根据充电时间可以不同。充电 40 h，系统电源可以连续断开 1 100 h。

a. 使用分线模块/外部电池（见图 5-23）。

图 5-23　用分线模块/外部电池

b. 使用分接电缆（见图 5-24）。

根据系统可能选择最佳
（注-1）：可以仅用Q173CPUN-T与Q173CPUN-T一起包装。
（注-2）：根据连接的示教模块而不同。
（注-3）：与Q170TUD□CBL□M一起包装。
（注-4）：使用A31TU-D3K□/A31TU-DNK□时，用Q173CPUN-T。
（注-5）：A31TU-D3K□/A31TU-DNK□仅有口语版本。

图 5-24　用分接电缆

② Q172CPU(N)系统的设备构成如图 5-25 所示。

图 5-25　Q172CPU(N)系统的设备构成

说明：内置可充电电池可连续掉电时间，根据充电时间可以不同。充电40 h，系统电源可以连续断开 1 100 h。

a. 使用外部电池（见图 5-26）。

根据系统可能选择最佳
（注-1）：当用外部电池时，请把电池SSENET电缆（Q172HB CBL□）
　　　　　M-B/Q172-J2B CBL□M-B）和电池模块（Q170BAT）。电池
　　　　　（A6BAT/MR-BAT）装在电池模板中。（A6BAT/MR-BAT）另售。
（注-2）：可以只用Q172CPUN-T与Q172CPUN-T一起包装。
（注-3）：根据连接的示教模块而不同。
（注-4）：与Q170TUD□CBL□M一起包装。
（注-5）：当用A31TU-D3K□/A31TU-DNK□时，用Q172CPUN-T。
（注-6）：A31TU-D3K□/A31TU-DNK□仅有日语版本。

图 5-26　使用外部电池

b. 不使用外部电池（见图 5-27）。

框图中的文字内容（随图）：

Q系列模块扩展

运动模块（Q172LX，Q172EX，Q173PX）

Q系列电源/QCPU/I/O/智能功能模块

运动模块（Q172LX，Q172EX，Q173PX）

CPU模块（Q33B，Q35B，Q38B，Q312B）　（注-5）

扩展电缆（QC□B）　（注-1）

Q6□B扩展基板模块（Q63B，Q65B，Q68B，Q612B）

运动CPU模块（Q173CPU（N））

示教模块短路接头（Q170TUTM）　（注-2）

Q系列电源/I/O智能功能模块　（注-4）（注-5）

MR-H-BN的SSENET电缆（MR-J2HBUS□M-2）　MR-J2□-B的SSENET电缆（MR-J2HBUS□M）

示教模块电缆（Q170TUD□CBL□M（-A））　（注-3）

示教模块（A31TU-D3K□，A31TU-DNK□）

伺服放大器（MR-H-BN）　伺服放大器（MR-J2□-B）

示教模块短路接头（A31TUD3TM）

根据系统可能选择最佳
（注-1）：当用外部电池时，请把电池SSENET电缆（Q172HB CBL□）M-B/Q172-J2B CBL□M-B）和电池模块（Q170BAT）。电池（A6BAT/MR-BAT）装在电池模板中。（A6BAT/MR-BAT）另售。
（注-2）：可以只用Q172CPUN-T与Q172CPUN-T一起包装。
（注-3）：根据连接的示教模块而不同。
（注-4）：与Q170TUD□CBL□M一起包装。
（注-5）：当用A31TU-D3K□/A31TU-DNK□时，用Q172CPUN-T。
（注-6）：A31TU-D3K□/A31TU-DNK□仅有日语版本。

图 5-27 不使用外部电池

③ Q173 CPU(N)系统总体构成如图 5-28 所示。

图 5-28　Q173 CPU(N)系统总体构成

④ Q172 CPU(N)系统总体构成如图 5-29 所示。

注意

① 如果运动控制器或者伺服放大器异常时的动作与系统的安全指示操作不同，则需要运动控制器或伺服放大器构成一个安全的外部电路。

② 系统中应用部件（除了运动控制器、伺服放大器、伺服电动机以外的额定特性）的规格和特性必须要与运动控制器、伺服放大器、伺服电动机相兼容。

③ 参数设置要与运动控制器、伺服放大器、伺服电动机、再生电阻规格，系统用途相适应，否则保护功能无效。

④ 使用示教模块时, 在运动 CPU(Q173CPUN-T/Q172CPUN-T)和示教模块之间需要电缆, 并且在去掉示教模块或不使用示教模块时, 要安装短路接头。

图 5-29 Q172 CPU(N)系统总体构成

2. 运动系统的限制

① 不允许把运动 CPU 作为 QA1S6□B 扩展基板单元上安装的模块的管理 CPU, 必须把 PLC CPU 作为该模块的管理 CPU。

② 运动 CPU 模块的内存卡安装接头是作为将来功能扩展用的。

③ 运动 CPU 模块不能单独使用, 必须与 PLC CPU（支持多 CPU 系统的）组合使用,

而且必须安装在 PLC CPU 模块的右侧。PLC CPU 不能安装在运动 CPU 的右部位置。

④ PC CPU 模块必须安装在运动 CPU 模块的右侧，运动 CPU 不能安装在 PC CPU 的右部。

⑤ PLC CPU 必须是使用"Q 模式"。

⑥ 运动 CPU 不能设置成智能功能模块或图形操作终端（GOT）的管理 CPU。

⑦ 连接运动和伺服放大器的 SSCNET 电缆和示教单元 31TU-D3K□/A31TU-DNK□连接线缆是在模块底部引出来的。在设计控制板时必须保证足够的空间。

⑧ 运动 CPU 是 Q 系列多 PLC 系统的一个组成模块，有必要为每一个 PLC CPU 设置 Q 系列多功能 PLC 系统的参数。运动 CPU 的系统设置也要支持多 CPU 系统。

⑨ 运动 CPU 的专用运动模块（Q172LX、Q172EX、Q173PX 等）的管理 CPU 必须设为运动 CPU。如果误设为 PLC CPU，则不能正常工作。运动 CPU 被其他 PLC CPU 当作 32 点智能模块，不能从其他机器进入访问。

⑩ 构成 CPU 系统时要保证使 CPU 基板上的各个模块的 DC 5V 总消耗电流不超过电源模块的输出容量。

⑪ 安装冷却风扇运动 CPU 模块的使用数目和周围温度（仅用于 Q173CPU/Q172CPU）。根据运动 CPU 的使用数目和周围温度，有可能移除冷却风扇模块（Q170FAN）。

是否采用冷却风扇模块（Q170FAN）由运动 CPU 的使用数目和周围温度决定，如表 5-21 所示。

- 当仅用一个运动 CPU 模块时，如果运动 CPU 运行的周围温度为 0～40 ℃时，可以移除冷却风扇模块。
- 当用两个或更多运动 CPU 模块时，不要移除冷却风扇模块（Q170FAN）。

表 5-21　运动 CPU 模块的使用数目和周围温度说明

运动 CPU 的周围温度 运动 CPU 数量	0～40 ℃	40～55 ℃
1 个模块	可以移除	不要移除
2 个模块或更多	不要移除	

⑫ 当运动 CPU 的内置充电电池被正常充电 40 h 时，会为 IC-RAM 存储卡提供 1 100 h（保证时间）/4 300 h（实际时间）的备份电源。

如果连续停电时间超过此时间，可以安装外部电池。运动 CPU 电池使用说明如表 5-22 所示。

表 5-22　运动 CPU 电池使用说明

项　　目		连续停电时间	
		保证时间（最小）/h	实际时间（典型）/h
仅内置可充电 电池	充电 8 h 以上	200	500
	充电 40 h 以上	1100	4300
外部电池		60 000	240 000

3. Q173 CPU/Q172 CPU 各部分名称（见表 5-23）

表 5-23　Q173 CPU/Q172 CPU 各部分名称

名　称	用　途
模块固定钩子	把模块固定到基板上（快速装卸）
MODE LED（模式判定）	亮(绿色)：正常模式； 亮(橙色)：安装模式，ROM 写入模式
RUN LED	亮：运动 CPU 正常启动； 灭：运动 CPU 异常； 当在启动时出现异常或 WDT 错误出现时，RUN LED 关闭
ERR LED	亮：当故障出现时，如下情况 LED 开启。 ① WDT 错误； ② 系统设置错误； ③ 伺服错误； ④ 运动 SFC 错误； ⑤ 运行不能停止的自诊断错误（除电池故障外）； 闪烁：检测到使运行停止的自诊断故障； 不亮：正常
M RUN LED	亮：当运动控制执行时； 闪烁：当清除锁存数据操作启动时； 不亮：当运动控制没有被执行或当检测到运行停止的自诊断错误时
BAT LED	亮：当电池故障出现用外部电池时
BOOT LED	亮：ROM 运行模式； 不亮：RAM 运行/安装模式，ROM 写入模式
模块安装杠杆	用于安装模块到基板上
存储卡 EJECT 按钮	用于从运动 CPU 中拆除存储卡
存储卡安装接头	接头用于把存储卡连接到运动 CPU（运动 CPU 用运行系统软件包使用存储卡）
USB 接头[注]	用于 USB 兼容的外围机器连接接头，（接头型号 B）可以用 USB 专用电缆连接

注：把电缆连接到 USB 接头时，用夹子固定电缆，防止因摇摆、移动或无意间拉动使电缆脱落。

4. Q173 CPU（N）/Q172CPU（N）开关、接头功能（见表 5-24）

表 5-24　Q173CPU（N）/Q172CPU（N）开关、接头功能

名　称	用　途	
DIP 开关 	DIP 开关 1	禁止使用（出厂时在 OFF）
	DIP 开关 2	ROM 运行设置（出厂时在 OFF）：
	DIP 开关 3	SW2　SW3 OFF　OFF→RAM 运行模式 ON　OFF→禁止 OFF　ON→禁止 ON　ON→RAM 操作的模式
	DIP 开关 4	禁止使用（出厂时在 OFF）

续表

名　　称	用　　途	
	DIP 开关 5(安装 ROM 写入开关)	ON：安装 ROM 写入模式
		OFF：通常模式（RAM 运行模式/由 ROM 运行模式）
		从外围机器，把操作系统软件（OS）安装在运动 CPU 模块里，把倾斜开关 5 打到 ON。完安装完成后切换开关
RUN/STOP 开关（瞬时开关）	扳到 RUN/STOP 使用； RUN：执行运动程序； STOP：停止运动程序	
RESET/L CLR 开关(瞬时开关)	RESET：开关扳到"RESET"位置时，重置硬件。用于运算异常时的重置和运算初始化； L CLR：消除锁存区域内用参数设置的数据（同时也会清除锁存区域以外的数据）； L CLR 操作方法： ① 设置 RUN/STOP 开关到 STOP； ② 扳 RESET/L CLR 开关到 L CLR 几次，直到 M RUN LED 闪烁（M RUN LED 闪烁：清除锁存数据完成）； ③ 将 RESET/L CLR 开关扳到 L CLR（M RUN LED 灭）	
模块固定螺丝孔	用于固定到基板上的螺钉孔（M3×12 螺钉：用户准备）	
模块固定钩	用于固定到基板上的钩	
CN1 接头	与伺服放大器连接的接头	
CN2 接头	与个人计算机或 SSCNET 连接的接头	
TU 接头	与示教模块连接的接头	
冷却风扇接头	与冷却风扇元件（Q170 FAN）连接的接头	
冷却风扇元件	运动控制器专用冷却风扇模块	

👆 **注意**

① 多 CPU 系统中 2～4 号 QCPU/运动 CPU 不能单独复位。复位时，其他 CPU 会变为 MULTI CPU DOWN(出错代码：7000)，多 CPU 系统全部停止。

② 使用 Q173 CPU(N)时，SSCNET1-4 系统信号进入接头 CN1。此时，有必要采用分线模块（Q173DV）或分支电缆。

③ 仅限 Q173CPUN-T/Q172CPUN-T。

④ 当连接示教模块时，选择与示教模块规格相符的电缆。

⑤ 当仅用 Q173 CPU/Q172 CPU 时。

5. Q172EX、Q173PX 的选择（见表 5-25）

表 5-25　Q172EX、Q173PX 的选择

项　　目	同步编码器		手动脉冲发生器
	串行 ABS	增量	
Q173CPU（N）	12 模块		3 模块
Q172CPU（N）	8 模块		
模块选择	Q172EX	Q173PX	

6．电源模块选择

电源模块根据 I/O 模块、特别功能模块和由电源模块供电的外围设备总电流消耗量进行选择，同时要考虑到（MR-HENC、MR-HDP01 或 A3TU-D□K13）等外围设备的电流消耗。

运动控制器电流消耗量如表 5-26 所示。

表 5-26 运动控制器电流消耗量

部 件 名 称	型 号 名 称	描　　述	电流消耗量 DC 5V /A
运动 CPU 模块	Q173CPUN	32 轴控制用	1.25
	Q173CPUN-T	32 轴控制用，对应示教单元	1.56
	Q173CPU	32 轴控制用，加制冷风扇单元	1.75
	Q172CPUN	8 轴控制用	1.14
	Q172CPUN-T	8 轴控制用，对应示教单元	1.45
	Q172CPU	8 轴控制用，加制冷风扇单元	1.62
伺服系统外部信号接口模块	Q172LX	伺服系统外部信号输入 8 轴（FLS、RLS、STOP、DOG/CHANGE×8）	0.05
串行 ABS 同步编码器接口模块	Q172EX	串行 ABS 同步编码器 MR-HENC 接口×2 跟踪输入 2 点	0.07
	Q172EX-S1	串行 ABS 同步编码器 MR-HENC 接口×2 跟踪输入 2 点，数据交换用内置存储器	
手动脉冲发生器接口模块	Q173PX	手动脉冲发生器 MR-HDP01/同步编码器接口×3，跟踪输入 3 点	0.11
	Q173PX-S1	手动脉冲发生器 MR-HDP01/同步编码器接口×3，跟踪输入 3 点，数据交换用内置存储器	
手动脉冲发生器	MR-HDP01	脉冲分辨率：25PLS/rev（100 PLS/rev 放大 4 倍后） 允许轴负载：径向负载：最大 19.6N；轴向负载：最大 9.8N； 允许速度：200 r/min（正常旋转）	0.06
示教单元	A31TU-D3K13	用于 SV13，用 3 个位置临时开关	0.26
	A31TU-DNK13	用于 SV13，没有临时开关	
串行 ABS 同步编码器	MR-HENC	分辨率：16 384 PLS/rev 允许转速：4 300 r/min	0.15
制冷风扇单元	Q170FAN	运动 CPU 模块专用制冷风扇	0.08

注：选择电源模块，要根据连接的外围设备（MR-HENC 或 MR-HDP01）的电流消耗量。

当使用 Q173CPUN-T 时，电源选择计算范例。

（1）系统配置（见图 5-30）

（2）每一个模块的 DC 5V 电源消耗量

Q02HCPU:0.64[A]

Q173CPUN-T(注):1.56[A]

Q172LX:0.05[A]

Q172EX:0.07[A]

MR-HENC:0.15[A]

Q173PX:0.11[A]

MR-HDP01:0.06[A]

QX40:0.05[A]

QY10:0.43[A]

Q38B:0.114[A]

图 5-30　系统配置

说明：包括 A31TU-D3K13(0.26 A)的电流消耗量。

（3）全部模块的电流消耗量

I_{5V}=0.64 A+1.56 A+0.05 A+0.07 A+0.15 A+0.11 A+0.06×2 A+0.005×2 A+0.43×2 A+0.114 A

＝3.774 A

要根据内部的电流消耗量 3.774A 来选择电源模块（Q61P-A1(AC 100V)6A）。

说明：配置系统的依据是要求在 5V DC 电压下所有模块的总体电流消耗量小于允许值。

7．Q173 CPU(N)/Q172 CPU(N)的初始充电

Q173 CPU(N)/Q172 CPU(N)内置可充电电池，开始使用 Q173 CPU(N)/Q172 CPU(N)前，打开电源 8 h 以上对内置可充电电池充电。给内置可充电电池充电 8 h 以上的时间后，可以给 IC-RAM 存储器提供备份电源 1 100 h。

如果连续充电 5 天，每天 8 h，充电 40 h 以后，可以给 IC-RAM 存储器提供备份电源 1 100 h。

如果连续电源关掉时间比内置可充电电池备份电源时间长（见表 5-27），则需用 A6BAT/MR-BAT 电池进行备份。

表 5-27　Q173 CPU(N)/Q172 CPU(N)内置可充电电池使用

项　　目		连续停电时间	
		保证时间（MIN）/h	实际时间（TYP）/h
仅内置可充电电池	8 h 以上充电时间	200	500
	40 h 以上充电时间	1 100	300

8．接线

（1）Q172LX 接收定位控制必要的外部信号（伺服系统外部信号）

① 性能规格如表 5-28 所示。

表 5-28 性 能 规 格

项　目	规　格
I/O 占有点数	32 点（I/O 分配：智能，32 点）
电流消耗量（5VDC）/A	0.05
外部尺寸/mm	98(H)×27.4(W)×90（D）
质量/kg	0.15

② 输入部分如表 5-29 所示。

表 5-29 输 入 部 分

项　目		规　格
输入点数目		伺服系统外部信号：32 点 （较高的点击界定，较低的电击界定，停止输入，临近跟踪/速度定位转换信号）（4 点×8 轴）
输入方式		接收器/来源类型
绝缘方式		光耦合器
额定输入电压		DC 12/24V
额定输入电流		DC 12V 2 mA/ DC 24V 4 mA
使用电压范围		DC 10.2～26.4V （DC 12/24V+10/-15%，波动范围不高于 5%）
ON 电压/电流		DC 10V 以上/2.0 mA 以上
OFF 电压/电流		DC 1.8V 以下/0.18 mA 以下
输入电阻		约 5.6kΩ
上限下限行程开关和 停止信号的响应时间	OFF 到 ON	1 ms
	ON 到 OFF	
近点 dog/速度-位置 切换信号的响应时间	OFF 到 ON	0.4 ms/0.6 ms/1ms
	ON 到 OFF	（CPU 参数设置，默认值 0.4 ms）
公共端排列		32 点/公共（公共端：B1，B2）
显示说明		ON 指示（LED）
外部连接方式		40 引脚接头
适合的配线截面积		0.3 mm²
外部配线接头		A6CON1(附件)； A6CON2、A6CON3(另售)
适用接头/端子排变换单元		A6TBXY36、A6TBXY54、A6TBXY70（另售）

（2）伺服系统外部信号接口模块的连接

① 伺服系统外部信号。Q172LX 根据软件的系统设置确定 I/O 编号中伺服外部信号挨轴分配，每轴对应一组输入编号，如表 5-30 所示。

表 5-30 伺服系统外部信号

伺服系统外部信号	用　途	一个 Q172LX 的点数
上限行程极限输入（FLS）	用来测定上限行程极限输入和下限行程极限输入	32 点（4 点/8 轴）
下限行程极限输入（RLS）		
停止信号输入（STOP）	速度或位置控制停止用。	
近点 dog/速度-位置切换输入 （DOG/CHANGE）	检测近点 dog 式、计数式原点回归时的近点 dog，或速度-位置切换控制时切换用	

要点：N0.1～8信号能分配到指定轴，分配在软件包的系统设置中进行。

② CTRL 接头引脚布局图。使用 Q172LX 模块前端的 CTRL 接头来连接伺服系统外部信号。从正面看到的为 Q172LX CTRL 接头引脚布局图，CTRL 接头的引脚布局和连接内容如图 5-31 所示。

CTRL接头

信号编号	引脚编号	信号名	引脚编号	信号名	信号编号
1	B20	FLS1	A20	FLS5	5
	B19	RLS1	A19	RLS5	
	B18	STOP1	A18	STOP5	
	B17	DOG1/CHANGE1	A17	DOG5/CHANGE5	
2	B16	FLS2	A16	FLS6	6
	B15	RLS2	A15	RLS6	
	B14	STOP2	A14	STOP6	
	B13	DOG2/CHANGE2	A13	DOG6/CHANGE6	
3	B12	FLS3	A12	FLS7	7
	B11	RLS3	A11	RLS7	
	B10	STOP3	A10	STOP7	
	B9	DOG3/CHANGE3	A9	DOG7/CHANGE7	
4	B8	FLS4	A8	FLS8	8
	B7	RLS4	A7	RLS8	
	B6	STOP4	A6	STOP8	
	B5	DOG4/CHANGE4	A5	DOG8/CHANGE8	
	B4	未连接	A4	未连接	
	B3	未连接	A3	未连接	
	B2	COM	A2	未连接	
	B1	COM	A1	未连接	

适用的接头型号：
A6CON1类型焊接类型接头
FCN-361J040-AU接头（FU、ITSU TAKAMISAWA
　　　　　　COMPONENT LIMITED）
FCN-361J040-B接头封口 ⎫（标准附件）

A6CON2类型压装接头
A6CON3类型压装接头 ⎫（另售）

（1至8）每个轴的DOG/CHANGE、STOP、RLS、FLS功能
DOG/CHANGE ･･･ 近点dog/速度-位置切换信号
STOP ･･･ 停止信号
RLS ･･･ 下限行程极限输入
FLS ･･･ 上限行程极限输入

有关信号的详细信息请参阅编程操作说明书

注：CTRL接头配线时可以使用接头/端子台转换模块和电缆。

A6TBXY36/A6TBXY54/A6TBX70　　　：接头/端子排转换模块
AC□TB（□：长度[ft]）　　　　　：接头/端子排转换电缆

图 5-31　CTRL 接头的引脚布局和连接内容

CTRL 接头和伺服系统外部信号之间的接口如表 5-31 所示。

表 5-31 CTRL 接头和伺服系统外部信号之间的接口

输入或输出	信号名称	接头编号	LED	配线范例	内部线路	规格	信号名称/内容
输入	FLS1	B20	0				FLS
	FLS2	B16	4				
	FLS3	B12	8				
	FLS4	B8	C				
	FLS5	A20	10				
	FLS6	A16	14	上限行程限制输入 5.6kΩ		● 供应电压: DC 12～24V (DC 10.2～26.4V) 使用稳定电源;	
	FLS7	A12	18				
	FLS8	A8	1C				
	RLS1	B19	1				RLS
	RLS2	B15	5				
	RLS3	B11	9	下限行程限制输入 5.6kΩ			
	RLS4	B7	D				
	RLS5	A19	11				
	RLS6	A15	15				
	RLS7	A11	19	停止信号输入 5.6kΩ			
	RLS8	A7	1D				
	STOP1	B18	2				STOP
	STOP2	B14	6				
	STOP3	B10	A	近点dog/速度-位置切换信号		● 高电平: DC 10.0V 或 2.0 mA;	
	STOP4	B6	E	5.6 kΩ			
	STOP5	A18	12				
	STOP6	A14	16				
	STOP7	A10	1A	12V DC 24V DC			
	STOP8	A6	1E				
	DOG/CHANGE1	B17	3				DOG/CHANGE
	DOG/CHANGE2	B13	7				
	DOG/CHANGE3	B9	B			● 低电平: DC 1.8V 或不高于 0.18 mA	
	DOG/CHANGE4	B5	F				
	DOG/CHANGE5	A17	13				
	DOG/CHANGE6	A13	17				
	DOG/CHANGE7	A9	1B				
	DOG/CHANGE8	A5	1F				
	电源	B1 B2					伺服外部信号公共端

注意

① CTRL 接头和外围设备之间要注意使用屏蔽电缆，避免动力线和主回路线靠近或束在一起，以减小电池伤害的影响。（将它们之间分开的距离不少于 200 mm）

② 将屏蔽电缆线连接到外围设备的 FG 接线端。

③ 正确设置参数，否则可能使行程限位等保护功能失去作用。

④ 要始终当电源关掉后进行电缆配线，否则可能会破坏模块电路。

⑤ 确认进行电缆配线，错误的配线可能破坏内部电路。

（3）手动脉冲发生器接口模块的连接

① PULSER 接头引脚布局图。使用 Q173PX 模块前端的 PULSER 接头连接手动脉冲信号、增量型同步编码器信号。

图 5-32 为从正面看到的 Q173PX PULSER 接头引脚布局图。

PULSER接头

引脚编号	信号名	引脚编号	信号名	
B20	HB1	A20	HA1	… b
B19	SG	A19	SG	
B18	5V	A18	HPSEL1	… a
B17	HA1N	A17	HA1P	c
B16	HB1N	A16	HB1P	
B15	HB2	A15	HA2	… b
B14	SG	A14	SG	
B13	5V	A13	HPSEL2	… a
B12	HA2N	A12	HA2P	c
B11	HB2N	A11	HB2P	
B10	HB3	A10	HA3	… b
B9	SG	A9	SG	
B8	5V	A8	HPSEL3	… a
B7	HA3N	A7	HA3P	c
B6	HB3N	A6	HB3P	
B5	未连接	A5	未连接	
B4	TREN1−	A4	TREN1+	
B3	TREN2−	A3	TREN2+	
B2	TREN3−	A2	TREN3+	
B1	FG	A1	FG	… e

适用的接头型号：
A6CON1类型焊接类型接头
FCN-361J040-AU接头（FU、ITSU TAKAMISAWA COMPONENT LIMITED）（标准附件）
FCN-361J040-B接头封口

A6CON2类型压装接头
A6CON3类型压装接头（另售）

图 5-32　Q173 PX PULSER 接头引脚布局图和连接内容

　　a．手动脉冲发生器/增量型同步编码器的输入类型由 HPSEL□切换不连接；电压输出/集电极开路 HPSEL□-SG 连接；差动输出类型（输入 1～3 可以切换）。

　　b．手动脉冲/增量型同步编码器采用电压输出/集电极开路时连接 A 相信号到 HA1/HA2/HA3，B 相信号到 HB1/HB2/HB3。

　　c．差动输出类型：

　　连接 A 相信号到 HA1P/HA2P/HA3P，然后 A 相位反转信号给 HB1N/HA2N/HA3N。

　　连接 B 相信号到 HB1P/HB2P/HB3P，然后 B 相位反转信号给 HB1N/HA2N/HA3N。

　　d．FG 信号与连接手动脉冲发生器/增量型同步编码器和 Q173PX 之间电缆的屏蔽线相连。

　　e．接头/端子转换模块不能被使用。

　　② PULSER 接头和手动脉冲发生器（差分输出类型）/增量型同步编码器之间的接口。

　　手动脉冲发生器（差动输出类型）/增量型同步编码器之间的接口如表 5-32 所示。

表 5-32　PULSER 接头和手动脉冲发生器（差分输出类型）/增量型同步编码器之间的接口

输入或输出	信号名称	引脚编号 PULSER 接头 电压输出类型			配线范例	内部电路	规　格	说　明
		1	2	3				
输入	A 相手动脉冲 A+ HA□P	A17	A12	A7			● 额定的输入电压 DC 5.5V 以下； ● 高水平：DC 2.0～5.25V； ● 低水平：DC 0.8V 以下； ● 2.6LS31 相当	用于连接手动脉冲发生器
	A- HA□N	B17	B12	B7				
	B 相手动脉冲 B+ HB□P	A16	A11	A6				
	B- HB□N	B16	B11	B6				
	类型选择信号 HPSEL□	A18	A13	A8				
电源	P5	B18	B13	B8				
	SG	A19 B19	A14 B14	A9 B9				

说明：

● 如果手动脉冲发生器/增量型同步编码器采用外接电源，Q173PX 侧的 5V(P5)DC 电源不要连接。

● 使用手动脉冲发生器（差动输出类型）/增量型同步编码器时，将 HPSEL□与 SG 连接。

　　③ PULSER 接头和手动脉冲发生器（电压输出/集电极开路）/增量型同步编码器之间的接口。

　　手动脉冲发生器（电压输出集电极开路）/增量型同步编码器之间的接口如表 5-33 所示。

表 5-33　PULSER 接头和手动脉冲发生器

输入或输出	信号名称	引脚编号 PULSER 接头 电压输出类型			配线范例	内部电路	规　格	说　明
		1	2	3				
输入	A 相手动脉冲 HA□	A20	A15	A10			● 额定输入: 5.5V DC 以下; ● 高水平: DC 3～25V /2mA 以下; ● 低水平: DC 1V 以下 /5mA 以上	用来连接手动脉冲发生器
	B 相手动脉冲 HB□	B20	B15	B10				
	类型选择信号 HPSEL□	A18	A13	A8				
电源	P5	B18	B13	B8				
	SG	A19 B19	A14 B14	A9 B9				

说明: 如果手动脉冲发生器/增量型同步编码器采用外接电源, Q173PX 侧的 5V (P5) DC 电源不要连接。外部电源请使用 5V 稳定电源, 否则可能引起故障。

④ PULSER 接头和跟踪使能信号之间的接口如表 5-34 所示。

表 5-34　PULSER 接头和跟踪使能信号之间的接口

输入或输出	信号名称		引脚编号 PULSER 接头			配线范例	内部电路	规　格	说　明
			1	2	3				
输入	跟踪使能	TREN□+	A4	A3	A2				跟踪使能信号输入
		TREN□-	B4	B3	B2				

⑤ 手动脉冲发生器连接示例如图 5-33 所示。

图 5-33　手动脉冲发生器连接示例

● （注-1）：如果手动脉冲发生器/增量型同步编码器采用外接电源,Q173PX 侧的 5V（P5）
　　DC 电源不要连接。外部电源请使用 5V 稳定电源，否则可能引起故障。

● （注-2）：使用手动脉冲发生器（差动输出类型）/增量型同步编码器时，将 HPSEL□
　　与 SG 连接。

> **注意**
>
> 　如果手动脉冲发生器/增量型同步编码器采用外接电源，外部电源请使用 5V 稳定电源，
> 否则可能引起故障。

（4）使用 SSCNET 电缆与终端电阻的连接方法

本例介绍如何进行运动 CPU 与伺服放大器之间的连接。在运动 CPU 与伺服放大器之间用 SSCNET 进行连接。使用 Q172CPU(N)时，只能使用一个 SSCNET 系统（连接 CN1）。Q173CPU(N)可使用最多 4 个 SSCNET 系统进行伺服放大器的连接(连至 CN1)。一个 SSCNET 系统最多连接 8 台伺服放大器。

同样，SSCNET 电缆或终端接头因伺服放大器的不同而不同。

Q173CPU(N)与伺服放大器间的连接：

① 使用分线模块/外部电池时，如图 5-34 所示。

图 5-34　Q173CPU(N)与伺服放大器间在使用分线模块/外部电池时的连接

（注-1）：使用外部电池时，将电池（A6BAT/MR-BAT）装入分线模块（Q173DV）。

② 使用分接电缆时，如图 5-35 所示。

图 5-35 Q173CPU(N)与伺服放大器间在使用分接电缆时的连接

（5）Q172CPU(N)与伺服放大器之间的连接

① 使用外部电池时如图 5-36 所示。

（注-1）：使用外部电池时，将电池（A6BAT/MR-BAT）装入电池模块（Q170BAT）。

图 5-36 Q172CPU(N)与伺服放大器之间在使用外部电池时的连接

② 不使用外部电池时，如图 5-37 所示。

图 5-37 Q172CPU(N)与伺服放大器之间在不使用外部电池时的连接

9. MT developer 的应用

MT developer 是三菱运动型 PLC（172、173）专用编程软件，其中 MT 是 motion 的简称。MT 系列软件主要是用来操作运动控制器的，通过该软件，可以实现以下功能：项目管理、系统配置、参数设置、程序编制、虚拟机械程序编制、电子凸轮曲线编制、系统监控、操作系统安装等，通过该软件可方便地实现系统组态，可轻松设置伺服参数。

（1）运动控制器运行数据的制作流程（见图 5-38）

（2）本体 OS 的安装

本节说明如何安装 Q Montion CPU 的 OS（SW6RN-SV22QC），如图 5-39 所示。

① 在将 IBM 兼容计算机的 RS-232 端口和 Q 02H CPU PLC 的 RS-232 插口用 QC30R2 电缆连接完成后再接通电源。（在已安装好的状态下启动的场合，请从②开始）

② 先将 Q Motion CPU 的电源开关拨到 OFF 位，将安装开关拨至安装可能一侧（ON 侧），再接通电源开关，如图 5-40 所示。

③ 依次选择"开始"→"程序"→MELSOFT Application→MT Developer→SW6RNC-GSVE→SW6RN GSV22P→Install 命令，如图 5-41 所示。

④ 显示安装对话框，然后选择 Communication→Communication Setting 命令，如图 5-42 所示。

⑤ 显示通信设置对话框，选中 USB 单选按钮，同时选择"1.Serial port PLC module connection"选项后，单击 Detail 按钮，如图 5-43 所示。

图 5-38　运动控制器运行数据的制作流程

	拨位开关 5	
	OFF	ON
	安装不可能	安装可能

图 5-39 本体 OS 的安装接线　　　　　图 5-40　Q Motion CPU 的电源

图 5-41　OS 的安装选择

图 5-42　通信设置选择

图 5-43　通信驱动及连接方式选择

⑥ 弹出详细设置对话框后，在 PLC side I/F setting of PLC module 栏的 Connected 下拉列表框中选择 QnMotionCPU，Target CPU 选择 "2CPU2"，如图 5-44 所示。

图 5-44　Target CPU 选择

⑦ 设置完成后，单击 Communication Test 按钮。

⑧ 显示如图 5-45 所示信息对话框，表示通信出错。根据提示窗口查找问题的所在，并解决问题。

图 5-45　通信设置信息

注意

有时在查找通信失败的原因时，或许觉得设置没有出错，此时可尝试到设备管理器中看一下 USB 的驱动程序是否安装，如果没有安装，请完成驱动程序安装。还有一种就是在安装驱动程序时，找不到驱动程序的文件夹在哪里，那么该驱动是被隐藏起来了。

通信成功将会弹出如图 5-46 所示的对话框。

图 5-46　通信成功

⑨ 单击"确定"按钮，返回到详细设置窗口，单击 OK 按钮。弹出安装对话框后，单击 Install Motion Controller OS 按钮，如图 5-47 所示。

图 5-47　安装 OS 本体

⑩ 弹出运动控制器本体的 OS 安装对话框，单击 Refer 按钮，如图 5-48 所示。

图 5-48　选择安装盘的路径

⑪ 将 OS 用的 FD(SWRN-SV22QC-1/2)插入至 FD 驱动器中，指定文件夹目录的对话框中选择 "A:"。

对于主体 OS 的安装，按照其每一步的提示操作基本是没有问题的，所以在此就不做过多叙述。

 注意

主体 OS 只需在第一次使用时安装即可。举例来说，刚买的计算机需要安装一个系统才能应用，OS 就相当于系统一样。

（3）Project Management 的应用

① 依次选择"开始"→"程序"→MELSOFT Application→MT Developer→SW6RNC GSVE→SW6RN GSV22P→Project Management 命令，如图 5-49 所示。

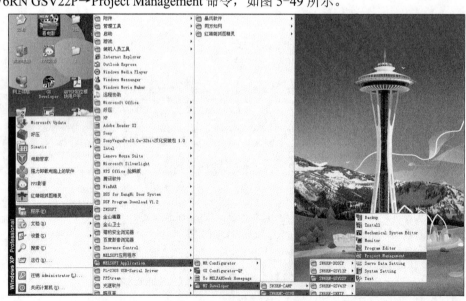

图 5-49　项目管理器命令

② 弹出项目管理器对话框，然后单击 New 按钮，如图 5-50 所示。

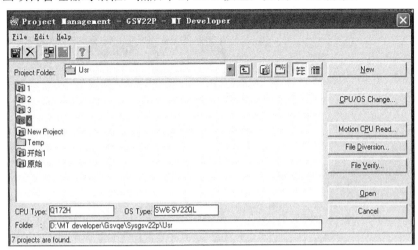

图 5-50 项目管理器对话框

③ 选中新建的项目，并单击右侧 CPU/OS change 按钮，弹出如图 5-51 所示对话框。

④ 在弹出的 CPU/OS Selection 对话框中，选择 Q172H 单选按钮，单击 OK 按钮，如图 5-52 所示。

图 5-51 CPU/OS 初始界面

图 5-52 选择 CPU/OS

⑤ 弹出询问是否打开项目对话框，单击"是"按钮，如图 5-53 所示。

图 5-53 创建项目管理器完成

⑥ 弹出 Screen Switching 对话框，单击 System Setting 按钮，如图 5-54 所示。弹出如图 5-55 所示的对话框。

图 5-54　系统设置

图 5-55　基本设置

⑦ 在弹出的 Basic Setting 对话框中进行编辑，如图 5-56 所示。

图 5-56　Basic Setting 对话框

⑧ 选择 Multiple CPU Setting 选项卡对多 CPU 进行设置，如图 5-57 所示。

图 5-57 设置 CPU

对 Refresh Setting 中的 Setting1 进行编辑，如图 5-58 所示。

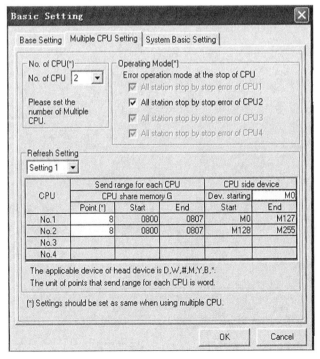

图 5-58 编辑 Setting1

对 Refresh Setting 中的 Setting2 进行编辑，如图 5-59 所示。

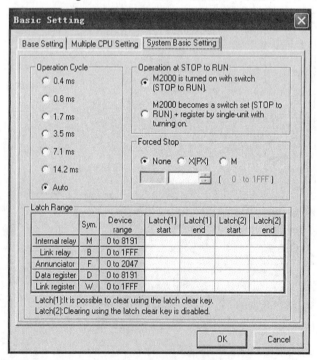

图 5-59　编辑 Setting2

⑨ 选择 System Basic Setting 选项卡进行设置，如图 5-60 所示。

图 5-60　系统基本设置

⑩ 双击 System Setting 中的 d01 伺服放大器和伺服电动机的图标，弹出如图 5-61 所示对话框。

⑪ 选择 Detail Setting 选项卡，在 AxisNo 下的文本框中输入"1"，如图 5-62 所示。

⑫ 双击 d02 位置的伺服放大器和伺服电动机，在 Detail Setting 中将 Axis No 设为"2"，如图 5-63 所示。

图 5-61 放大器设置

图 5-62 设置 1 轴

图 5-63 设置 2 轴

此外，也可以对伺服的参数进行设置，例如，单击图 5-63 中的 Servo Parameter 按钮，将会弹出如图 5-64 所示窗口，根据控制要求，进行伺服参数的设置。

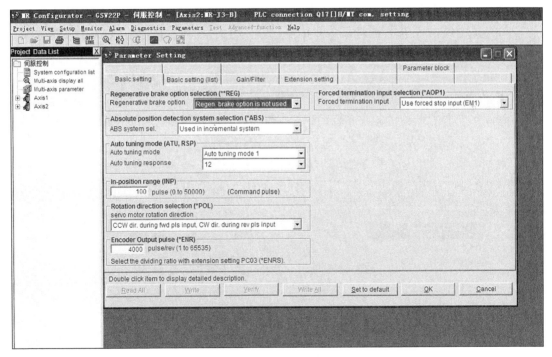
图 5-64 设置伺服参数

在一切设置好之后就可以将其传送给运动控制器，如图 5-65 所示。

（4）程序设计

① 运动 SFC 程序的特点：将程序处理流程制成类似流程图的程序，对于初次学习运动控制编程的学员，也容易掌握该内容。

图 5-65 传送设置参数

- 由于设备的一连串动作均可对应各个动作的步骤，因此能轻松地编制出流程图般的程序，从而提高了程序的可维护性。
- 在运动 CPU 单元侧判断转移条件并启动定位，因此受可编程控制器 CPU 的单元侧扫描时间影响的响应时间不会出现误差。
- 除定位控制外，还能在运动 CPU 单元处理数值运算、软元件的 SET 或 RST 等，因此无须通过可编程控制器 CPU 单元的环节，从而能够缩短作业时间。
- 根据运动 SFC 特有的转移条件的记录，可通过启动条件成立对伺服放大器发出指令。另外，定位启动后，无须等待定位结束即可转移到下一步。
- 可在梯形等顺控程序中使用运动专用顺控指令进行控制。

② 运动 SFC 程序的构成要素：以采样程序为例，对运动 SFC 程序的构成要素进行说明，如图 5-66 所示。

图 5-66 采样程序

说明：

F：运算控制步，进行数值运算、I/O 控制等。

G：转移（条件等待），进行转移条件的判断。

K：运动控制步，进行伺服电动机的定位控制、速度控制等。

主程序：表示程序（主程序）开始的符号，务必置于程序的起始。

- 符号内为程序的名称。
- 每个程序只能有 1 个，且符号不可省略。

F1：1 次执行型运算控制步，执行 1 次已指定的运算控制程序。

- 符号结合执行演算控制程序的 NO，显示为 Fn，n 为 0～4095 的程序编号。
- 在运算控制程序中，可设置代入运算公式、运动专用函数、位软元件控制指令。

G1：无须等待之前的步结束，转移条件成立后就直接转移到下一步。转移条件记录在转移程序中。

- 符号结合执行转移程序 NO，显示为 Gn，n 为 0～4095 的程序编号
- 之前为运动控制步时，无须等待伺服程序执行结束，就会直接评价转移条件。
- 之前为运算控制步时，运算执行结束后，再评价转移条件。
- 之前为子程序步时，无须等待子程序执行结束，就会直接评价转移条件。
- 在等待之前运动控制步或子程序调用/启动步执行结束时，请使用 WAIT 转移。

G2：无须等待之前执行的步结束，转移条件成立（Y）后就会直接转移到下一步。

- 符号结合执行转移程序 NO，显示为 Gn，n 为 0～4095 的程序编号
- 之前为运动控制步时，无须等待伺服程序执行结束，就会直接评价转移条件。
- 之前为运算控制步时，运算执行结束后，再评价转移条件。
- 之前为子程序调用/启动步时，无须等待子程序执行结束，就会直接评价转移条件。
- 在等待之前运动控制步或子程序调用/启动步执行结束时，请使用 WAIT Y/N 转移。

F0：与 F1 相似。

子程序：子程序调用/启动步是调用指定子程序的符号。

- 符号显示调用对象的程序名。
- 调用子程序后，请输入 WAIT 转移。

无 WAIT 转移时，无须等待子程序结束，即可直接转移到下一步。

G3：[WAIT 转移] 等待之前的步结束，转移条件成立后就直接转移到下一步。转移条件记录在转移程序中。

- 符号结合执行转移程序的 NO，显示为 Gn，n 为 0～4095 的程序编号。
- 之前为运动控制步时，等待伺服程序执行结束，就会评价转移条件。
- 之前运算控制步时，运算执行结束后，再评价转移条件。（变成与转移条件一样的动作）
- 之前为子程序调用/启动步时，等待子程序执行结束，就会评价转移条件。

F2：与 F1 相似。

◄───── P1 ：显示跳转点的指针。跳转后，从指针位置开始执行。

- 符号结合指针的 NO，显示为 Pn，n 为 0～16383 指针编号。

- 该指针可设置在各种步、转移、分支点、耦合点。
- 在 1 个程序中可设置 P0～P16383，可与其他程序中的指针编号重复。

$\longrightarrow$ P1 ：跳转到程序内指定的指针，跳转后，从指定的指针位置开始执行。

- 符号结合指针的 NO，显示为 Pn，n 为 0～16383 指针编号。
- 不可跳转到其他程序的指针。

子程序：表示程序（子程序）开始的符号，务必置于程序的起始。

- 符号内为程序名称。
- 每个程序只能有 1 个，且符号不可省略。

K1：[运动控制步]：

- 符号结合执行指定伺服程序的 NO，显示为 Kn，n 为 0～4095 的程序编号。
- 运动控制程序步之后，请输入 WAIT 转移。无 WAIT 转移时，无须等待伺服程序执行结束，即可直接转移到下一步。

G4：等待之前的步结束，转移条件成立后就直接转移到下一步。转移条件记录在转移程序中。

- 符号结合执行转移程序的 NO，显示为 Gn，n 为 0～4095 的编号。
- 之前为运动控制步时，等待伺服程序执行结束，就会评价转移条件。
- 之前为运算控制步时，运算执行结束后，再评价转移条件。（变成与转移一样的动作）
- 之前为子程序调用/启动步时，等待子程序执行结束，就会评价转移条件。

F3：并联分支、并联耦合，同时执行并联连接多个路径的处理。

支路路径的耦合点要等待各路径执行结束，在全部路径执行结束后再转移到下一步。

- 各路径的起始是步或转移都可以。
- 最大并联分支数是 255 列。

F4：与 F3 一样。

END：表示程序结束的符号。

- 在子程序内执行 END 时，返回到调用子程序的原程序。
- 可在 1 程序里进行多个设置。
- 程序结束位置为跳转结束时，无须该操作。

③ 可使用的软元件种类：在运动 SFC 程序中，可使用以下软元件，如表 5-35 所示。

表 5-35 在运动 SFC 程序中，可使用以下软元件

位/字	软元件		符号	点数	读取	写入	备注
位	输入输出	输入	X	8192 点	○	○	注意：X、Y 不能访问输入输出单元，作为代替，使用 PX、PY
		输出	Y		○	○	
		输入	PX	256 点	○	×	运动 CPU 单元管理的输入/输出单元对应软元件。访问输入/输出单元时，使用 PX、PY
		输出	PY		○	○	
	内部继电器		M	12 288 点	○	○	可在 M0～M8191 范围中使用
	链接继电器		B	8 192 点	○	○	—

续表

位/字	软元件		符号	点数	读取	写入	备注
位	报警器		F	2 048 点	○	○	—
	特殊继电器		SM	2 256 点	○	○	—
字	数据寄存器		D	8 192 点	○	○	可在 D0～D8191 范围中使用
	链接寄存器		W	8 192 点	○	○	—
	运动专用寄存器		SD	2 256 点	○	○	—
	运动专用寄存器		#	12 280 点	○	○	#8000-#8639 作为监控软元件, #8640-#8175 作为运动错误履历软元件使用

● 多 CPU 共享软元件, 如表 5-36 所示。

表 5-36　多 CPU 共享软元件

CPU	符号	点数	读取	写入	备注
本设备	U□\G	最大 14 336 点	○	○	多 CPU 设置中分配的软元件范围可在 CPU 单元间共享,可编程控制器 CPU 单元管理的软元件也可访问;
其他设备			○	×	根据不同系统设置,可使用的点数也不一样

● 定位专用软元件:可访问运动 CPU 单元及各轴的不同状态的软元件。

使用内部继电器(M)及数据寄存器(D)的部分软件, 如表 5-37 所示。

表 5-37　使用内部继电器(M)及数据寄存器(D)的部分软件

软元件编号	用　　途	备　　注
M2042	设置所有轴为伺服 ON 状态	—
M2415	用于检查轴 1 的伺服 ON 状态	软元件 ON,使伺服处于 ON 状态
M2435	用于检查轴 2 的伺服 ON 状态	
M2001	用于检查轴 1 的启动执行状态	软元件 ON,使伺服处于启动中状态
M2002	用于检查轴 2 的启动执行状态	
M2003	用于检查轴 3 的启动执行状态	

● 运动专用寄存器:可访问各轴的监控值及错误履历的软元件。

软元件符号使用"#"。这里不做过多说明。

④ 运动 SFC 程序:

● 要点:编制程序时如果将所有的处理都编入一个程序,程序会变得复杂且难懂。

● 将每一个控制内容分割成程序块(子程序化),通过在主程序中调用、执行子程序,不但使程序得到简化,而且容易理解。

● 对于同样的处理内容也无须反复记录,从而提高了编程效率。

由于机械运行顺序可根据运行步通过流程图的形式写出,所以编出的程序浅显易懂、可维护性强。

- 因为运动 CPU 判定转换条件并开始定位启动，所以不会因为受 PLC 扫描时间的影响而出现响应时间或偏差。

- 运动 CPU 不仅能执行定位控制，也能进行数值运算及软元件 SET/RST 等，不需要通过 PLC CPU 操作，减少了运行时间。

- 运动 SFC 步处理方式（仅执行激活步）保证了高速度及高响应处理。

- 通过运动 SFC 专用转移条件，启动条件一成立，指令即可传送到伺服放大器。

- 运动 SFC 专用转移条件，允许启动后即转至下一步，不需要等待定位完成。

- 可设置运动 SFC 程序以高速响应外部中断输入。

- 可设置运动 SFC 程序与运动运算周期同步，并按固定周期执行。

（5）多 CPU 的设置

① 双击项目数据下的"参数"→"PLC 参数"选项，如图 5-67 所示。

图 5-67　选择参数 PLC

② 弹出 Qn(H)参数设置对话框后，单击"多 CPU 设置"按钮，如图 5-68 所示。

③ 弹出"多 CPU 设置"对话框，选中"CPU 数"为"2 个"，选中"取得组外的输入状态"复选框，如图 5-69 所示。

确认"操作模式"选中"2 号 CPU 出错导致所有其他 CPU 停止"复选框。

图 5-68　2Q 参数设置

图 5-69 多 CPU 设置

④ 将"刷新设置"下的"设置切换"选择为"设置 1"后按如下设置,如图 5-70 所示。

起始软元件:M0。

1 号 CPU:8。

2 号 CPU:8。

图 5-70 设置 1

⑤ 将"刷新设置"下的"设置切换"选择为"设置 2"后,请按如下设置,如图 5-71 所示。

起始软元件:D6000。

1 号 CPU:4。

2 号 CPU:4。

设置后,单击"结束设置"按钮。

图 5-71 设置 2

⑥ 返回至 Qn(H)参数设置对话框后，选择"I/O 分配"选项卡，如图 5-72 所示。

图 5-72 "I/O 分配"选项卡

⑦ 在"I/O 分配"选项卡画面中，单击"详细设置"按钮，如图 5-73 所示。

图 5-73 详细设置

⑧ 弹出"I/O 模块，智能功能模块详细设置"对话框后，按照相对应的控制进行填写，然后单击"结束设置"按钮，如图 5-74 所示。

图 5-74 智能型功能模块详细设置

⑨ 返回至 Qn（H）参数设置对话框后，单击"结束设置"按钮，如图 5-75 所示。

图 5-75 结束 Q 参数设置

项目 6 三菱伺服驱动器的操作与调试

三菱伺服驱动器的调试相对较简单，对于常规应用，一般只要按项目 5 的要求完成电路的硬件连接后，便可根据驱动器的用途直接通过快速调试和自动调整完成调试工作。本项目将对 MR-J3-A 伺服放大器的使用方法、操作步骤，以及各参数的显示与操作进行说明。

6.1 状态、诊断、报警和参数模式的显示操作

6.1.1 概要

MR-J3-A 伺服放大器通过显示部分（5 位 7 段 LED）和操作部分（4 个参数按钮），可进行伺服放大器的状态显示、报警和参数设置。

操作部分和显示内容如图 6-1 所示。

图 6-1 操作部分说明

6.1.2 状态显示

运行中的伺服的状态可以通过 5 位 7 段 LED 显示部分显示出来,并可用 UP、DOWN 按钮任意改变显示内容。选择后,就会出现相应的符号,这时按 SET 按钮,数据就会显示出来。但只是在电源导通时,参数 NO-PC36 选定的状态显示的符号显示 2 s 后,数据便会显示出来。

伺服放大器的显示部分可显示伺服电动机速度等 16 种数据的后 5 位。

1. 显示切换

单击图 6-1 中的 MODE 按钮处于状态显示模式,按 UP、DOWN 按钮移到下一个显示,如图 6-2 所示。

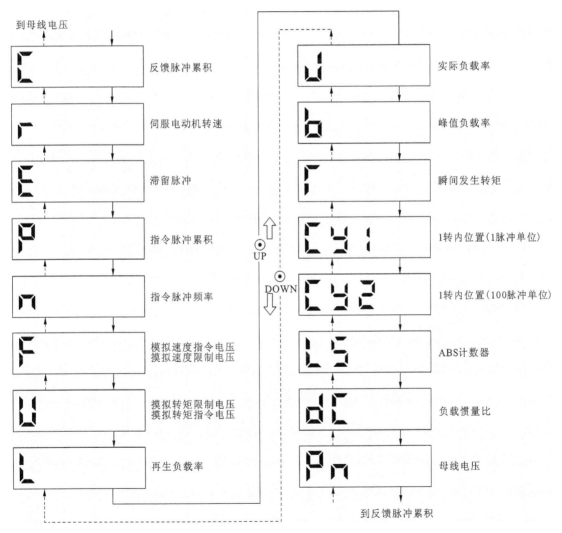

图 6-2 MODE 状态显示

2. 显示示例

显示示例如表 6-1 所示。

表 6-1 显示示例

项　目	状　态	显示方法
		伺服放大器显示部分
伺服电动机转速	以 2 500 r/min 速度正转	2500
	以 3 000 r/min 速度反转	-3000 反转时显示"—"
负载惯量比	15.5 倍	15.5
ABS 计数器	11252 rev	11252
	-12566 rev	12566 点灯 负数 2、3、4、5 位的小数点闪亮

3. 状态显示画面的改变

改变参数 NO-PC36，可以改变电源导通伺服放大器显示部分的状态显示项目。初始状态的显示项目，根据控制模式有所不同，如表 6-2 所示。

表 6-2 状态显示项目

控制模式	显示项目
位置	反馈脉冲累积
位置/速度	反馈脉冲累积/伺服电动机转速
速度	伺服电动机转速
速度/转矩	伺服电动机转速/模拟量转矩指令电压
转矩	模拟量转矩指令电压
转矩/位置	模拟量转矩指令电压/反馈脉冲累积

6.1.3 诊断模式

诊断模式如表 6-3 所示。

表 6-3 诊 断 模 式

名　称	显　示	内　容
顺控程序	`rd-oF`	① 准备未完成; ② 正在初始化或报警发生
	`rd-on`	① 准备完成; ② 初始化完成,伺服放大器处于可以启动状态
外部输入输出信号显示	见 6.1.6 小节	显示外部输入/输出信号的 ON/OFF 状态。各段上部对应输入信号,下部对应输出信号
输出信号（DO）强制输出	`do-on`	数字输出信号可以强制 ON/OFF
试运行模式 点动运行	`rES1`	在没有来自外部指令装置的指令的状态下进行点动运行
试运行模式 定位运行	`rES2`	在没有来自外部指令装置的指令的状态下执行一次定位运行。执行定位运行需要 MR configurator
试运行模式 无电动机运行	`rES3`	可以不连接伺服电动机,根据外部输入信号,就像实际伺服电动机动作一样,给出输出信号,监视状态显示
试运行模式 机械分析器运行	`rES4`	只连接伺服放大器,就能测定机械系统的共振点。进行机械分析器运行,需要 MR configurator
试运行模式 放大器诊断	`rES5`	对伺服放大器的输入/输出接口是否正常工作进行简易的故障诊断
软元件版本低位	`-A0`	显示软件的版本
软件版本高位	`-000`	显示软件的版本

名　称	显　示	内　容
VC 自动偏置	H1　0	模拟量速度指令（VC）或模拟量速度限制（VLA）为 0V，通过伺服放大器的内部和外部的模拟量电路的偏置电压，使伺服电动机缓慢转动时自动进行偏置电压的零调整。使用时请按照以下步骤进行设置，此功能生效之后，参数 NO-PC37 的值为自动调整了的偏置电压； ① 按 1 次 SET； ② 按 UP、DOWN 按钮使第 1 位的数字为 1； ③ 按 SET 按钮； 　　VC 或 VLA 的输入电压在正负 0.4 以上时，不能使用这个功能
电动机系列 ID	H2　0	按 SET 按钮就能显示当前连接的伺服电动机系列 ID
电动机类型 ID	H3　0	按 SET 按钮就能显示当前连接的伺服电动机类型 ID
编码器 ID	H4　0	按 SET 按钮就能显示当前连接的伺服电动机的编码器 ID
制造商调整用	H5　0	用于制造商调整
制造商调整用	H6　0	用于制造商调整

6.1.4 报警模式

显示当前报警、报警记录和参数错误。显示部分的低两位表示发生了的报警代码或有错误的参数号，如表 6-4 所示。

表 6-4　报　警　模　式

名　称	显　示	内　容
当前报警	AL　--	未发生报警
	AL　33	① 发生过压报警（AL.33）； ② 报警发生时闪亮

名　称	显　　示	内　　容
报警记录	AO 50	此前第 1 次发生的报警为过载 1（AL.50）
	A1 33	此前第 2 次所发生的报警为过压（AL.33）
	A2 10	此前第 3 次所发生的报警为电压不足（AL.10）
	A3 31	此前第 4 次所发生的报警为超速（AL.31）
	A4 --	此前第 5 次未发生报警
	A5 --	此前第 6 次未发生报警
参数错误 NO	E ---	未发生参数异常（AL.37）
	E A12	参数 NOPA12 的数据内容异常

报警发生时的功能：

①　无论在哪种模式下都显示当前发生的报警。

②　即使处于报警发生状态，按操作部分的按钮也可以看其他画面，这时第 4 位的小数点将会一直闪亮。

③　在消除报警原因后，用以下的任一种方法解除报警。

●　电源的 OFF→ON。

●　在报警画面下按 SET 按钮。

●　报警复位（RES）置 ON。

④　用参数 No-PC18 消除报警记录。

⑤　报警记录显示画面下按 SET 按钮 2 s 以上，会显示以下详细信息的显示画面。但是，此内容只用于制造商维护。

⑥ 按 UP、DOWN 按钮移动到下一条记录。

6.1.5 参数模式

按 MODE 按钮选择各参数模式，按 UP、DOWN 按钮移动到如图 6-3 所示的显示。

图 6-3 参数模式

操作方法：

1. 5 位以下的参数

以通过控制模式选择（参数 No.PA01）改变到速度模式时，电源导通后操作方法为例进行说明。按 MODE 按钮，显示基本设置参数画面，如图 6-4 所示。

图 6-4 速度模式下设置参数画面

要移到下一个参数时，请按 UP、DOWN 按钮。

参数 No. PA01 的改变，在设置值改变后，需将电源断开，再重新接通电源，参数才会生效。

2．6 位以上的参数

以改变电子齿轮分子数据（参数 No.PA06）为"123456"时的操作方法为例进行说明，如图 6-5 所示。

图 6-5　显示画面为伺服电动机转速

 注意

电源导通时的状态显示画面是通过参数 No.PC36 设置为伺服电动机转速时的情况。

6.1.6　外部输入/输出信号显示

可以确认连接到伺服放大器的数字输入/输出信号的 ON/OFF 状态。

① 操作电源导通后的显示部分画面如下。

按 MODE 按钮切换到诊断画面，如图 6-6 所示。

图 6-6 诊断画面

控制模式和输入/输出信号如表 6-5 所示。

表 6-5 输入/输出信号

接头	引脚 No	信号的输入/输出 (I/O)	控制模式下输入/输出信号的简称						相关参数
			P	P/S	S	S/T	T	T/P	
CN1	15	1	SON	SON	SON	SON	SON	SON	No.PD03
	16	1	—	-/SP2	SP2	SP2/SP2	SP2	SP2/-	No.PD04
	17	1	PC	PC/ST1	ST1	ST1/RS2	RS2	RS2/PC	No.PD05
	18	1	TL	TL/ST2	ST2	ST2/RS1	RS1	RS1/TL	No.PD06
	19	1	RES	RES	RES	RES	RES	RES	No.PD07
	22	0	INP	INP/SA	SA	SA/-	—	-/INP	No.PD13
	23	0	ZSP	ZSP	ZSP	ZSP	ZSP	ZSP	No.PD14
	24	0	INP	INP/SA	SA	SA/-	—	-/INP	No.PD15
	25	0	TLC	TLC	TLC	TLC/VLC	VLC	VLC/TLC	No.PD16
	33	0	OP	OP	OP	OP	OP	OP	—
	41	1	CR	CR/SP1	SP1	SP1/SP1	SP1	SP1/CR	No.PD08
	42	1	EMG	EMG	EMG	EMG	EMG	EMG	
	43	1	LSP	LSP	LSP	LSP/-	—	-/LSP	No.PD10
	44	1	LSN	LSN	LSN	LSN/-	—	-/LSN	No.PD11
	45	1	LOP	LOP	LOP	LOP	LOP	LOP	No.PD12
	48	0	ALM	ALM	ALM	ALM	ALM	ALM	—
	49	0	RD	RD	RD	RD	RD	RD	No.PD18

注：1—输入信号；0—输出信号；P—位置控制模式；S—速度控制模式；T—转矩控制模式；P/S—位置/速度控制切换模式；S/T—速度/转矩控制切换模式；T/P—转矩/位置控制切换模式

② 简称和信号名（见表 6-6）

表 6-6 简称和信号名

简 称	信 号 名	简 称	信 号 名
SON	伺服开启	RES	复位
LSP	正转行程末端	EMG	紧急停止

续表

简　称	信　号　名	简　称	信　号　名
LSN	反转行程末端	LOP	控制切换
CR	清除	TLC	转矩限制中
SP1	速度选择 1	VLC	速度限制中
SP2	速度选择 2	RD	准备完毕
PC	比例控制	ZSP	检测到零速度
ST1	正转启动	INP	定位完毕
ST2	反转启动	SA	速度到达
RS1	正转选择	ALM	故障
RS2	反转选择	OP	编码器 Z 相脉冲（集电极开路）
TL	转矩限制选择		

6.2　参　数　设　置

MR-J3-A 伺服放大器的参数按照功能不同分为以下几类，如表 6-7 所示。

表 6-7　伺服放大器参数种类

参　数　组	主　要　内　容
基本设置参数(N0PA□□)	伺服放大器在位置控制模式下使用时，通过此参数进行基本设置
增益-滤波器参数（N0PB□□）	手动调整增益时，使用此参数
扩展设置参数（N0PC□□）	伺服放大器在速度控制模式，转矩控制模式下使用时，主要使用此参数
输入/输出设置参数（N0PD□□）	变更伺服放大器的输入/输出信号时使用

伺服在位置控制模式下使用时，一般设置基本设置参数（N0PA□□），在导入时就可以设置基本参数。

　注意

　不要任意调整或改变参数值，否则将导致运行不稳定。

6.2.1　基本设置参数（No.PA□□）

要点：表 6-8 中简称前面带有"*"的参数，设置后将电源断开，再重新接通电源，参数生效。

表 6-8　参　数　一　览

No	简称	名　称	初始值	单位	控　制　模　式		
					位置	速度	转矩
PA01	*STY	控制模式	0000h	—	○	○	○
PA02	*REG	再生选件	0000h	—	○	○	○
PA03	*ABS	绝对位置检测系统	0000h	—	○	—	—
PA04	*AOP1	功能选择 A-1	0000h	—	○	○	○

No	简称	名　称	初始值	单位	控制模式		
					位置	速度	转矩
PA05	*FBP	伺服电动机旋转一周所需的指令脉冲数	0	—	○	—	—
PA06	CMX	电子齿轮分子（指令输入脉冲倍率分子）	1	—	○	—	—
PA07	CDV	电子齿轮分母（指令输入脉冲倍率分母）	1	—	○	—	—
PA08	ATU	自动调谐模式	0001h	—	○	○	—
PA09	RSP	自动调谐响应性	12	—	○	○	—
PA10	INP	到位范围	100	Pulse	○	—	—
PA11	TLP	正转转矩限制	100.0	%	○	○	○
PA12	TLN	反转转矩限制	100.0	%	○	○	○
PA13	*PLSS	指令脉冲输入形式选择	0000h	—	○	—	—
PA14	*POL	转动方向选择	0	—	○	—	—
PA15	*ENR	编码器输出脉冲	4000	Pulse/rev	○	○	○
PA16	—		0	—	—	—	—
PA17	—	制造商设置用	0000h	—	—	—	—
PA18	—		0000h	—	—	—	—
PA19	*BLK	参数写入禁止	000Bh	—	○	○	○

参数写入禁止如表 6-9 所示。

表 6-9　参数写入禁止

参　数			初始值	单位	设置范围	控 制 模 式		
No	简称	名称				位置	速度	转矩
PA19	*BLK	参数写入禁止	000Bh	—	参照本文	○	○	○

要点：该参数设置后，电源从 OFF→ON 后变为有效。

伺服放大器在出厂状态下基本设置参数、增益-滤波器参数、扩展设置参数的设置可以改变。为防止参数 PA19 的设置被不小心改变，可以设置为禁止写入。

表 6-10 表示根据参数 PA19 的设置参数是否可以读出或写入，○表示可以进行操作。

表 6-10　参数 PA19

参数 No.PA19 的 设置值	设置值 的操作	基本设置参数 No.PA□□	增益-滤波器参数 No.PB□□	扩展设置参数 No.PC□□	输入/输出设置参数 No.PD□□
0000h	读出	○	—	—	—
	写入	○	—	—	—
000Bh(初始值)	读出	○	○	○	—
	写入	○	○	○	—
000Ch	读出	○	○	○	○
	写入	○	○	○	○
100Bh	读出	○	—	—	—
	写入	仅参数 No.PA19	—	—	—

参数 No.PA19 的 设置值	设置值 的操作	基本设置参数 No.PA□□	增益-滤波器参数 No.PB□□	扩展设置参数 No.PC□□	输入/输出设置参数 No.PD□□
100Ch	读出	○	○	○	○
	写入	仅参数 No.PA19	—	—	—

6.2.2 增益滤波器参数（No.PB□□）

要点：表 6-11 中简称前面带有"*"的参数，设置后将电源断开，再重新接通电源，参数生效。

表 6-11 增益滤波器参数一览

No	简称	名　称	初始值	单位	控 制 模 式		
					位置	速度	转矩
PB01	FILT	自适应调谐模式（自适应滤波器目）	0000h	—	○	○	—
PB02	VRFT	抑制振动调谐模式（高级抑制振动控制）	0000h	—	○	—	—
PB03	PST	位置指令加减速时间常数（位置平滑）	0	ms	○	—	—
PB04	FFC	前馈增益	0	%	○	—	—
PB05	—	制造商设置用	500	—	—	—	—
PB06	GD2	负载和伺服电动机惯量比	7.0	倍	○	○	—
PB07	PG1	模型环增益	24	rad/s	○	—	—
PB08	PG2	位置环增益	37	rad/s	○	—	—
PB09	VG2	速度环增益	823	rad/s	○	○	—
PB10	VIC	速度积分补偿	33.7	ms	○	○	—
PB11	VDC	速度截分补偿	980	—	○	—	—
PB12	—	制造商设置用	0	—	—	—	—
PB13	NH1	机械共振抑制滤波器 1	4500	Hz	○	○	—
PB14	NHQ1	陷波形状选择 1	0000h	—	○	○	—
PB15	NH2	机械共振抑制滤波器 2	4500	Hz	○	○	—
PB16	NHQ2	陷波形状选择 2	0000h	—	○	○	—
PB17	—	制造商设置用	0000	—	—	—	—
PB18	LPF	低通滤波器设置	3141	rad/s	○	—	—
PB19	VRF1	抑制振动控制 振动频率设置	100.0	Hz	○	—	—
PB20	VRF2	抑制振动控制 共振频率设置	100.0	Hz	○	—	—
PB21	—	制造商设置用	0.00	—	—	—	—
PB22	—		0.00	—	—	—	—
PB23	VFBF	低通滤波器选择	0000h	—	○	—	—
PB24	*MVS	微振动抑制控制选择	0000h	—	○	—	—
PB25	*BOP1	功能选择 B-1	0000h	—	○	—	—
PB26	*CDP	增益切换选择	0000h	—	○	○	—

续表

No	简称	名　　称	初始值	单位	控制模式		
					位置	速度	转矩
PB27	CDL	增益切换条件	10	—	○	○	—
PB28	CDT	增益切换时间常数	1	ms	○	○	—
PB29	GD2B	增益切换 负载和伺服电动机惯量比	7.0	倍	○	○	—
PB30	PG2B	增益切换 位置控制增益	37	rad/s	○	—	—
PB31	VG2B	增益切换 速度控制增益	823	rad/s	○	○	—
PB32	VICB	增益切换 速度积分补偿	33.7	ms	○	○	—
PB33	VRF1B	增益切换 抑制振动控制 振动频率设置	100.0	Hz	○	—	—
PB34	VRF2B	增益切换 抑制振动控制 共振频率设置	100.0	Hz	○	—	—
PB35	—		0.00	—	—	—	—
PB36	—		0.00	—	—	—	—
PB37	—		100	—	—	—	—
PB38	—	制造商设置用	0	—	—	—	—
PB39	—		0	—	—	—	—
PB40	—		0	—	—	—	—
PB41	—		1125	—	—	—	—
PB42	—		1125	—	—	—	—
PB43	—	制造商设置用	0004h	—	—	—	—
PB44	—		0.0	—	—	—	—
PB45	—		0000h	—	—	—	—

6.2.3　扩展设置参数（No.PC□□）

要点：表 6-12 中简称前面带有"*"的参数，设置后将电源断开，再重新接通电源，参数生效。

表 6-12　扩展设置参数一览

No	简称	名　　称	初始值	单位	控制模式		
					位置	速度	转矩
PC01	STA	加速时间常数	0	ms	—	○	○
PC02	STB	减速时间常数	0	ms	—	○	○
PC03	STC	S 曲线加减速时间常数	0	ms	—	○	○
PC04	TQC	转矩指令时间常数	0	ms	—	—	○
PC05	SC1	内部速度指令 1	100	r/min	—	○	—
		内部速度限制 1			—	—	○
PC06	SC2	内部速度指令 2	500	r/min	—	○	—
		内部速度限制 2			—	—	○
PC07	SC3	内部速度指令 3	1000	r/min	—	○	—
		内部速度限制 3			—	—	○

续表

No	简称	名　　　称	初始值	单位	控制模式		
					位置	速度	转矩
PC08	SC4	内部速度指令 4	200	r/min	—	○	—
		内部速度限制 4			—	—	○
PC09	SC5	内部速度指令 5	300	r/min	—	○	—
		内部速度限制 5			—	—	○
PC10	SC6	内部速度指令 6	500	r/min	—	○	—
		内部速度限制 6			—	—	○
PC11	SC7	内部速度指令 7	800	r/min	—	○	—
		内部速度限制 7			—	—	○
PC12	VCM	模拟速度指令最大转动速度	0	r/min	—	○	—
		模拟速度限制最大转动速度			—	—	○
PC13	TLC	模拟转矩指令最大输出	100.0	%	—	—	○
PC14	MOD1	模拟监视 1 输出	0000h	—	○	○	○
PC15	MOD2	模拟监视 2 输出	0001h	—	○	○	○
PC16	MBR	电磁制动器顺序输出	100	ms	○	○	○
PC17	ZSP	零速度	50	r/min	○	○	○
PC18	*BPS	报警记录清除	0000h	—	○	○	○
PC19	*ENRS	编码器脉冲输出选择	0000h	—	○	○	○
PC20	*SNO	站号设置	0	局	○	○	○
PC21	*SOP	通信功能选择	0000h	—	○	○	○
PC22	*COP1	功能选择 C-1	0000h	—	○	○	○
PC23	*COP2	功能选择 C-2	0000h	—	—	○	○
PC24	*COP3	功能选择 C-3	0000h	—	○	—	—
PC25	—	制造商设置用	0000h	—	—	—	—
PC26	*COP5	功能选择 C-5	0000h	—	○	○	—
PC27	—	制造商设置用	0000h	—	—	—	—
PC28	—		0000h	—	—	—	—
PC29	—		0000h	—	—	—	—
PC30	STA2	加速时间常数 2	0	ms	—	○	○
PC31	STB2	减速时间常数 2	0	ms	—	○	○
PC32	CMX2	指令输入脉冲倍率分子 2	1	—	○	—	—
PC33	CMX3	指令输入脉冲倍率分子 3	1	—	○	—	—
PC34	CMX4	指令输入脉冲倍率分子 4	1	—	○	—	—
PC35	TL2	内部转矩限制 2	100.0	%	○	○	○
PC36	*DMD	状态显示选择	0000h	—	○	○	○
PC37	VCO	模拟速度指令偏置	0	mV	—	○	—

No	简称	名　称	初始值	单位	控制模式		
					位置	速度	转矩
PC37	VCO	模拟速度限制偏置	0	mV	—	—	○
PC38	TPO	模拟转矩指令偏置	0	mV	—	—	○
		模拟转矩限制偏置			—	○	—
PC39	MO1	模拟监视 1 偏置	0	mV	○	○	○
PC40	MO2	模拟监视 2 偏置	0	mV	○	○	○
PC41	—		0	—	—	—	—
PC42	—		0	—	—	—	—
PC43	—		0	—	—	—	—
PC44	—		0	—	—	—	—
PC45	—	制造商设置用	0	—	—	—	—
PC46	—		0	—	—	—	—
PC47	—		0	—	—	—	—
PC48	—		0	—	—	—	—
PC49	—		0	—	—	—	—
PC50	—		0	—	—	—	—

6.2.4　输入/输出设置参数（No.PD□□）

要点：表 6-13 中简称前面带有"*"的参数，设置后将电源断开，再重新接通电源，参数生效。

表 6-13　输入/输出参数一览

No	简称	名　称	初始值	单位	控制模式		
					位置	速度	转矩
PD01	*DIA1	输入信号自动 ON 选择 1	0000h	—	○	○	○
PD02	—	制造商设置用	0000h	—	—	—	—
PD03	*DI1	输入信号端子选择 1（CN1-15）	00020202h	—	○	○	○
PD04	*DI2	输入信号端子选择 2（CN1-16）	00212100h	—	○	○	○
PD05	*DI3	输入信号端子选择 3（CN1-17）	00070704h	—	○	○	○
PD06	*DI4	输入信号端子选择 4（CN1-18）	00080805h	—	○	○	○
PD07	*DI5	输入信号端子选择 5（CN1-19）	00030303h	—	○	○	○
PD08	*DI6	输入信号端子选择 6（CN1-41）	00202006h	—	○	○	○
PD09	—	制造商设置用	00000000h	—	—	—	—
PD10	*DI8	输入信号端子选择 8（CN1-43）	00000A0Ah	—	○	○	○
PD11	*DI9	输入信号端子选择 9（CN1-44）	00000B0Bh	—	○	○	○
PD12	*DI10	输入信号端子选择 10（CN1-45）	00232323h	—	○	○	○
PD13	*DO1	输出信号端子选择 1（CN1-22）	0004h	—	○	○	○

No	简称	名　称	初始值	单位	控 制 模 式		
					位置	速度	转矩
PD14	*DO2	输出信号端子选择 2（CN1-23）	000Ch	—	○	○	○
PD15	*DO3	输出信号端子选择 3（CN1-24）	0004h	—	○	○	○
PD16	*DO4	输出信号端子选择 4（CN1-25）	0007h	—	○	○	○
PD17	—	制造商设置用	0003h	—	—	—	—
PD18	*DO6	输出信号端子选择 6（CN1-49）	0002h	—	○	○	○
PD19	*DIF	输入滤波器设置	0002h	—	○	○	○
PD20	*DOP1	功能选择 D-1	0000h	—	○	○	○
PD21	—	制造商设置用	0000h	—	—	—	—
PD22	*DOP3	功能选择 D-3	0000h	—	○	—	—
PD23	—	制造商设置用	0000h	—	—	—	—
PD24	*DOP5	功能选择 D-5	0000h	—	○	—	—
PD25	—	制造商设置用	0	—	—	—	—
PD26	—		0	—	—	—	—
PD27	—		0	—	—	—	—
PD28	—		0	—	—	—	—
PD29	—		0	—	—	—	—
PD30	—		0	—	—	—	—

1. 定位模块参数设置

在位置控制模式下，只要设置参数（No.PA□□）就可以使用伺服放大器。如果需要，可以设置增益滤波器参数（No.PB□□）、扩展设置参数（N0PC□□）和输入/输出设置参数（No.PD□□）就可以使用伺服放大器。定位模块参数如表 6-14 所示。

表 6-14　定位模块参数

参 数 组	主 要 内 容
基本设置参数（No.PA□□）	开始时设置基本设置参数。一般来讲，只设置该组的参数就可以运行； ① 请设置这个参数组以下项目： ② 控制模式的选择（选择位置控制模式）； ③ 再生选件的选择； ④ 绝对位置检测系统的选择； ⑤ 1 转的指令输入脉冲数的设置； ⑥ 电子齿轮的设置； ⑦ 自动调谐的选择和调整； ⑧ 到位范围的设置； ⑨ 转矩限制的设置； ⑩ 指令脉冲输入形式的选择； ⑪ 伺服电动机的转动方向的选择； ⑫ 编码器输出脉冲的设置
增益-滤波器参数（No.PB□□）	① 通过自动调谐进行增益调整，满足的动作不能实现时，通过该参数组进行详细的增益调整 ② 使用增益切换功能时，也有必要设置该参数组
扩展设置参数（No.PC□□）	使用多个电子齿轮，模拟量监控输出，模拟量输入时，有必要设置该参数组
输入输出设置参数（No.PD□□）	改变伺服放大器的输入/输出信号时使用

要点：HF-MP 系列和 HP 系列伺服电动机用的编码器线缆 MR-EKCBL□M-L/H。

根据长度不同，必须变更参数 No.PC22 的设置（见表 6-15）。请确认是否正确设置参数，否则，电源接通时将发生编码器异常 1（AL.16）。

表 6-15　参数 No.PC22 的设置

编码器线缆	参数 No.PC22 的设置
MR-EKCBL20M-L/H	0□□□（初始值）
MR-EKCBL30M-H	
MR-EKCBL40M-H	1□□□
MR-EKCBL50M-H	

2. 速度控制模式的参数设置

在速度控制模式下使用伺服时，变更参数 N0PA01 选择速度控制模式。在速度控制模式下，一般只要改变基本设置参数(N0PA□□)和扩展设置参数（N0PC□□）即可。

根据需要设置增益-滤波器参数（N0PB□□）、输入/输出设置参数（N0PD□□）。速度控制模式参数如表 6-16 所示。

表 6-16　速度控制模式参数

参　数　组	主　要　内　容
基本设置参数（No.PA□□）	开始时设置基本设置参数； 请设置这个参数组以下项目： ① 控制模式的选择（选择速度控制模式）； ② 再生选件的选择； ③ 自动调谐的选择和调整； ④ 转矩限制的设置； ⑤ 编码器输出脉冲的设置
增益-滤波器参数（No.PB□□）	① 通过自动调谐进行增益调整时，满足的动作不能实现时，通过该参数组进行详细的增益调整； ② 使用增益切换功能时，也有必要设置该参数组
扩展设置参数（No.PC□□）	请设置这个参数组以下项目： ① 加速减速时间常数； ② S 曲线加减速时间常数； ③ 内部速度指令； ④ 模拟速度指令最大转速； ⑤ 模拟速度指令偏置 另外，使用模拟量监视输出，转矩限制情况下，有必要设置该参数组
输入/输出设置参数（No.PD□□）	改变伺服放大器的输入/输出信号时使用

3. 转矩控制模式的参数设置

在转矩控制模式下使用伺服时，变更参数 No.PA01 选择转矩控制模式。在转矩控制模式下，一般只要改变基本设置参数(No.PA□□)和扩展设置参数（No.PC□□）即可。

根据需要设置输入/输出参数（No.PD□□），如表 6-17 所示。

表 6-17　转矩控制模式的参数设置

参　数　组	主　要　内　容
基本设置参数（No.PA□□）	开始时设置基本设置参数； 请设置这个参数组以下项目： ① 控制模式的选择（选择转矩控制模式）； ② 再生选件的选择； ③ 转矩限制的设置； ④ 编码器输出脉冲的设置
扩展设置参数（No.PC□□）	请设置这个参数组以下项目： ① 加速减速时间常数； ② S 曲线加减速时间常数； ③ 转矩指令时间常数； ④ 模拟转矩指令最大输出； ⑤ 模拟转矩指令偏置； 另外，使用模拟量监视输出，速度限制情况下，有必要设置该参数组
输入/输出设置参数（No.PD□□）	改变伺服放大器的输入/输出信号时使用

 注意

　　使用该参数组时，必须改变参数 No.PA19 的设置。

6.3　驱动器的调试

1．通电前的检查

　　根据之前画的电路图（确保是正确的），核查伺服驱动器的连接是否有问题，如果有变对其进行相应的更改，以防损坏伺服驱动器。主要对以下几点进行检查：

　　① 确认三菱 J2S 伺服驱动器和电动机插头的连接，相序是否正确。若电动机相序错误，通电时会发生电动机抖动现象。

　　② 确认三菱 J2S 伺服驱动器 CN2 和伺服电动机编码器连接正确，接插件螺钉拧紧。

　　③ 确认伺服是否接地。

2．通电时的检查

　　① 确认三相主电路输入电压在 200～220V 范围内，单相主电路输入电压在 200～220V 范围内。

　　② 确认接地可靠。

　　对于通电时的检查也可利用 MR configurator 来进行测试，查看电动机是否运行正常。

3．伺服驱动器参数修改的操作方法

　　① 按 MODE 按钮，可切换显示以下 6 种方式，如图 6-7 所示。

图 6-7 MODE 按钮可显示内容

切换到显示基本参数画面：

② 按⊙UP 和⊙DOWN 键，选择想修改参数的参数号（例修改 2 号参数）：

③ 按两次⊙SET 键（想修改参数的参数值显示并闪烁）。

④ 按⊙UP 键和⊙DOWN 键，改变参数值。（只有闪烁部分的参数值，才可以改变）

⑤ 按⊙SET 键，确认修改的参数值。

重复以上②～⑤步，输入所有想改变的参数。

  注意

① 三菱 J2S 伺服驱动器参数分为基本参数（No.0～No.19），扩展参数 1（No.20～No.49），扩展参数 2（No.50～No.84）。大部分参数无须用户设置。

② 参数符号前带"*"的参数，改变数值后，需关电源，再开电源才能有效。

6.4 故障与报警处理

要点：报警发生的同时，请使伺服 SON 处于 OFF 状态，切断电源。

6.4.1 报警、警告一览表

进行中发生故障时会显示报警或警告。发生报警和警告时，请进行相应的处理。如果发生报警，ALM 变为 OFF。

如果设置参数 No.PD24 为"□□□1"，能够输出报警代码。报警代码在报警发生时输出，正常时不输出报警代码。

消除报警的原因之后，可以用报警的消除栏中任意有 0 的方法进行解除。警告在发生原因被消除后会自动解除，如表 6-18、表 6-19 所示。

表 6-18 报警一览表   表 6-19 警告一览表

显示	(注 2)报警代码			名称	报警解除		
	CN 122 (bit 2)	CN 123 (bit 1)	CN 124 (bit 0)		电源 OFF→ ON	当前报警画面下按 SET	报警复位 (RES)
AL.10	0	1	0	欠压	○	○	○
AL.12	0	0	0	存储器异常 (RAM)	○	—	—
AL.13	0	0	0	时钟异常	○	—	—
AL.15	0	0	0	存储器异常 2(EEP-ROM)	○	—	—
AL.16	1	1	0	编码器异常 1(电源接通时)	○	—	—
AL.17	0	0	0	基板异常	○	—	—
AL.19	0	0	0	存储器异常 3(Flash-ROM)	○	—	—
AL.1A	1	1	0	电动机配合异常	○	—	—
AL.20	1	1	0	编码器异常 2	○	—	—
AL.24	1	0	0	主电路异常	○	○	○
AL.25	1	1	0	绝对位置消失	○	—	—
AL.30	0	0	1	再生异常	(注 1)○	(注 1)○	(注 1)○
AL.31	1	0	1	过速	○	○	○
AL.32	1	0	0	过电流	○	—	—
AL.33	0	0	1	过电压	○	○	○
AL.35	1	0	1	指令脉冲频率异常	○	○	○
AL.37	0	0	0	参数异常	○	—	—
AL.45	0	1	1	主电路元器件过热	(注 1)○	(注 1)○	(注 1)○
AL.46	0	1	1	伺服电动机过热	(注 1)○	(注 1)○	(注 1)○
AL.47	0	1	1	冷却风扇异常	○	—	—
AL.50	0	1	1	过载 1	(注 1)○	(注 1)○	(注 1)○
AL.51	0	1	1	过载 2	(注 1)○	(注 1)○	(注 1)○
AL.52	1	0	1	误差过大	○	○	○
AL.8A	0	0	0	串行通信超时异常	○	○	○
AL.8E	0	0	0	串行通信异常	○	○	○
88888	—	—	—	看门狗	○	—	—

显示	名 称
AL.92	电池断线警告
AL.96	原点设定错误警告
AL.99	行程限警告
AL.9F	电池警告
AL.E0	过再生警告
AL.E1	过载警告 1
AL.E3	绝对位置计数器警告
AL.E5	ABS 超时警告
AL.E6	伺服紧急停止警告
AL.E8	冷却风扇速度降低警告
AL.E9	主电路 OFF 警告
AL.EA	ABS 伺服 ON 警告
AL.EC	过载警告 2
AL.ED	输出功率过大警告

注意

① 消除产生原因之后等待约 30 min，直到完全冷却之后在进行。

② 0：OFF；1：ON。

6.4.2 报警的处理方法

报警发生时，只有当消除报警原因并确保安全后才能解除报警，重新运行伺服电动机，否则可能导致损伤。

发生绝对位置消失（AL.25）时，必须再次执行原点设置，否则可能引起机械异常工作。

报警发生的同时，请使伺服开启（SON）OFF，切断电源。

要点：①发生以下报警时，不要反复解除报警重新启动运行，否则可能造成伺服放大器-伺服电动机故障。消除产生的原因之后等待约 30 min，直到完全冷却之后再重新启动运行。

② 报警可以通过电源的 OFF→ON，在当前报警画面下按 SET 按钮或置复位（RES）为 ON 解除。

发生报警，故障信号（ALM）变为 OFF，伺服电动机的动态制动器动作，电动机停止，显示部分将显示报警代码。

请按照本节的方法消除报警原因，也可参照选件的 MR Configulator(伺服设置软件)中的发生原因。报警的处理方法如表 6-20 所示。

表 6-20　报警的处理方法

显示	名称	内容	发生原因	处理方法
AL.10	欠压	电源电压低： ① MR-J3-□A：AC160V 以下； ② MR-J3-□A1：AC83V 以下	① 电源电压低； ② 控制电源瞬间停电在 60 ms 以上；	检查电源
			③ 由于电源容量不足，导致启动时电源电压下降；	
			④ 母线电压下降到下面的电压以下： ● MR-J3-□A：DC200V； ● MR-J3-□A1：DC158V；	
			⑤ 伺服放大器内的元件故障 ———— 调查方法 ———— 卸下除控制电路电源以外所有的线缆，即使置电源为ON也发生报警	更换伺服放大器
AL.12	存储器异常（RAM）	RAM 存储器异常	伺服放大器内的元件故障	更换伺服放大器
AL.13	时钟异常	印刷线路板异常	———— 调查方法 ———— 卸下除控制电路电源以外所有的线缆即使置电源为ON也发生报警（AL12、AL13的任一个）	
AL.15	存储器异常 2 (EEP-ROM)	EEP-ROM 异常	① 伺服放大器内的元件故障 ———— 调查方法 ———— U、V、W的动力线从伺服驱动器上卸下，即使伺服ON也发生报警（AL.24）	更换伺服放大器
			② EEP-ROM 的写入次数超过 10 万次	

显示	名 称	内 容	发 生 原 因	处 理 方 法
AL.16	编码器异常 1 (电源导通时)	编码器和伺服放大器的通信出现异常	① 编码器接头(CN2)脱落	正确连接
			② 编码器故障	更换伺服电动机
			③ 编码器线缆故障(断路或短路)	修理或更换线缆
			④ 参数的设置中编码器线缆的种类(2 线式，4 线式)的选择错误	正确设置参数 NoPC22 的第 4 位
AL.17	基板异常	CPU 元器件异常	伺服放大器内的元件故障	更换伺服放大器
AL.19	存储器异常 3 (Flash-ROM)	ROM 存储器异常	调查方法 U、V、W 的动力线从伺服驱动器上卸下，即使伺服ON也发生报警（AL.24）	
AL.1A	电动机配合异常	伺服放大器和伺服电动机之间配合有误	伺服放大器和伺服电动机之间错误连接	正确的配合
AL.20	编码器异常 2	编码器和伺服放大器之间通信异常	① 编码器接头(CN2)脱落	正确连接
			② 编码器故障	更换伺服电动机
			③ 编码器线缆故障(断路或短路)	修理或更换线缆
AL.24	主电路异常	伺服放大器的伺服电动机动力线(U、V、W)短路	① 电源输入线和伺服电动机的动力线相接触	改正接线
			② 伺服电动机动力线的外皮老化短路	更换电线
			③ 伺服放大器的主电路故障 调查方法 U、V、W的动力线从伺服驱动器上卸下，即使伺服ON也发生报警（AL.24）	更换伺服放大器
AL.25	绝对位置消失	绝对位置数据异常	① 编码器内电压低(电池接触不良)	报警发生的状态下，等待 2~3 min 之后，断开电源，再接通电源。必须再次进行原点设置
			② 电池电压低	更换电池,必须再次进行原点设置
			③ 电池线缆或电池故障。	
		绝对位置检测系统中，第一次接通电源	④ 原点未设置	报警发生的状态下，等待 2~3 分钟之后，断开电源，再接通电源。必须再次进行原点设置
AL.30	再生异常	超过内置再生制动电阻或再生制动选件的允许再生功率；	① 参数 NoPA02 的设置错误	正确设置
			② 内置再生制动电阻或再生选件未连接	正确连接
			③ 高频度或连续再生制动运行使再生电流超过了再生选件的允许再生功率 调查方法 通过状态显示查看再生负载率	① 降低定位频率； ② 更换容量更大的再生制动选件； ③ 减小负载；

显示	名称	内容	发生原因	处理方法
AL.30	再生异常	超过内置再生制动电阻或再生制动选件的允许再生功率	④ 电源电压异常： ● MR-J3-□A：AC260V 以上； ● MR-J3-□A1：AC135V 以上	检查电源
			⑤ 内置再生制动电阻或再生选件故障	更换伺服放大器或再生选件
		再生制动晶体管异常	⑥ 再生制动晶体管发生故障： ── 调查方法 ── 1.再生选件异常过热； 2.即使卸下内置再生电阻或再生选件也报警	更换伺服放大器
AL.31	过速	转速超过了瞬时允许速度	① 输入指令脉冲频率过高	正确设置指令脉冲
			② 加减速时间过小导致超调过大	增大加减速时间常数
			③ 伺服系统不稳定导致超调	① 重新设置合适的伺服增益 ② 不能设置合适的伺服增益时请采用以下措施： ● 减小负载转动惯量比设置； ● 检查加减速时常数
			④ 电子齿轮比太大(参数 No.PA06、PA07)	正确设置
			⑤ 编码器故障	更换伺服电动机
AL.32	过电流	伺服放大器流过允许电流以上的电流	① 伺服电动机力线(U、V、W)短路	改正接线
			② 伺服放大器晶体管(IPM)故障 ── 调查方法 ── 卸下U、A、W、再使电源ON，也发生报警(AL.32)	更换伺服放大器
			③ 伺服电动机动力线(U、V、W)短路	改正接线
			④ 由于外来噪声的干扰，过流检测电路出现错误	采用噪声对策
AL.33	过电压	转换器母线电压的输入值在 DC 400V 以上	① 没有使用再生选件	使用再生选件
			② 虽然使用了再生选件，但参数 No.PA02 设置为"□□00(不使用)"	正确设置
			③ 内置的再生制动电阻或再生制动选件的导线断线或脱落	① 更换导线； ② 正确连接
			④ 再生晶体管故障	更换伺服放大器
			⑤ 内置再生制动电阻或再生选件断线	① 内置再生制动电阻时，更换伺服放大器； ② 内置再生选件时，更换再生选件；

显示	名　称	内　容	发生原因	处理方法
AL.33	过电压	转换器母线电压的输入值在 DC 400V 以上	⑥ 内置再生制动电阻或再生选件的容量不足	增加再生选件或增大容量
			⑦ 电源电压太高	检查电源
			⑧ 伺服电动机动力线(U、V、W)短路	改正接线
AL.35	指令脉冲频率异常	输入的指令脉冲的脉冲频率太高	① 指令脉冲频率太高	改变指令脉冲频率为适合值
			② 指令脉冲中混入了噪声	采用抗噪声措施
			③ 指令装置故障	更换指令装置
AL.37	参数异常	参数设置值异常	① 由于伺服放大器故障使参数设置值被改变	更换伺服放大器
			② 参数 NoPA02 中选择与使用的伺服放大器不匹配的再生选件	正确设置参数 NoPA02
			③ 参数的写入等使 EEP-ROM 的写入次数超过 10 万次	更换伺服放大器
AL.45	主电路元器件过热	主电路异常过热	① 伺服放大器异常	更换伺服放大器
			② 过载状态下反复使电源 ON/OFF	检查运行方法
			③ 伺服放大器的环境温度超过 55℃	使环境温度在 0～55℃间
			④ 超过密集安装的规格使用	在规格范围内使用
AL.46	伺服电动机过热	伺服电动机温度上升热保护传感器动作	① 伺服电动机的环境温度超过 40℃	使环境温度在 0～40℃间
			② 伺服电动机处于过载状态	① 减小负载; ② 检查运行模式; ③ 更换输出大的伺服电动机
			③ 编码器的热保护传感器故障	更换伺服电动机
AL.47	冷却风扇异常	伺服放大器的冷却风扇停止转动,或风扇的转速处于报警等级以下	冷却风扇使用寿命已过	更换伺服放大器的冷却风扇
			风扇夹住异物,停止转动	除去异物
			冷却风扇的电源故障	更换伺服放大器
AL.50	过载 1	超过伺服放大器的过载保护特性	① 超过伺服放大器的连续输出电流	① 减小负载; ② 检查运行模式; ③ 更换输出大的伺服电动机
			② 伺服系统不稳定产生振动	① 反复进行加减速来实施自动调整; ② 改变自动调整设置的响应性设置; ③ 停止自动调整。改用手动方式进行调整;

显示	名 称	内 容	发 生 原 因	处 理 方 法
AL.50	过载 1	超过伺服放大器的过载保护特性	③ 机械有冲突	① 检查运行模式; ② 请设置限位开关
			④ 伺服电动机的连接错误。伺服放大器的输出端子 U、V、W 和伺服电动机的输入端子 U、V、W 不对应	正确连接
			⑤ 编码器故障 —— 调查方法 —— 伺服OFF状态下使伺服电动机转动时，反馈脉冲累积不与轴的转动角度成比例变化，中途数字混乱或回到原来的值	更换伺服电动机
AL.51	过载 2	由于机械冲突等原因使连续数秒内流过最大输出电流。 伺服电动机: 锁定时: 1 s 以上; 旋转中: 2.5 s 以上	① 机械有冲突	① 检查运行模式 ② 请设置限位开关
			② 伺服电动机的连接错误。伺服放大器的输出端子 U、V、W 和伺服电动机的输入端子 U、V、W 不对应	正确连接
			③ 伺服系统不稳定产生振动	① 反复进行加减速来实施自动调整; ② 改变自动调整设置的响应性设置; ③ 停止自动调整。改用手动方式进行调整
			④ 编码器故障 —— 调查方法 —— 伺服OFF状态下使伺服电动机转动时，反馈脉冲累积不与轴的转动角度成比例变化，中途数字混乱或回到原来的值	更换伺服电动机
AL.52	误差过大	模型位置与实际的伺服电动机位置间的偏差超过 3 转	① 加减速时间常数太小	加大加减速时间常数
			② 正转转矩限制(参数 No.PA11)，反转转矩限制(参数 No.PA12)太小	提高转矩限制值
			③ 由于电源电压下降导致转矩无法启动	① 检查电源设备容量; ② 更换输出大的伺服电动机
			④ 模型控制增益（参数 No.PB07）值太小	增大设置值，调整至合适的动作
			⑤ 由于外力使伺服电动机轴转动	① 转矩限制时，增大限制值; ② 减小负载; ③ 更换输出大的伺服电动机

续表

显示	名 称	内 容	发 生 原 因	处 理 方 法
AL.52	误差过大	模型位置与实际的伺服电动机位置间的偏差超过 3 转	⑥ 机械有冲突	① 检查运行模式 ② 请设置限位开关
			⑦ 编码器故障	更换伺服电动机
			⑧ 伺服电动机的连接错误。伺服放大器的输出端子 U、V、W 和伺服电动机的输入端子 U、V、W 不对应	正确连接
AL.8A	串行通信超过异常	RS-422 通信中断超过规定时间以上	① 通信线缆断线	修理或更换通信线缆
			② 通信周期比规定时间长	缩短通信周期
			③ 通信协议错误	改正通信协议

 注意

电源导通时虽然一瞬间显示 "88888"，但并无异常。

6.4.3 警告处理方法

发生绝对位置计数器警告（AL.E3）时，必须再次进行原点设置，否则可能导致机械异常动作。

如果发生 AL.E6 和 AL.EA 伺服处于 OFF 状态。发生其他警告时，虽然继续运行，但可能产生报警不能正常动作。

消除报警原因可参照选件 MR Configurator(伺服设置软件)，警告处理方法如表 6-21 所示。

表 6-21 警告处理方法

显示	名 称	内 容	发 生 原 因	处 理 方 法
AL.92	电池断线警告	绝对位置检测系统用电池电压低	① 电池线缆断线	修理线缆或更换电池
			② 电池电压低于 2.8 V	更换电池
AL.96	原点设置错误警告	不能设置原点	① 残留的滞留脉冲数在定位范围的设置值以上	消除产生滞留脉冲的原因
			② 清除滞留脉冲后，输入指令脉冲	清除滞留脉冲后，停止指令脉冲输入
			③ 爬行速度过高	降低爬行速度
AL.99	行程限警告	指令转动方向的限位开关(LSP 或 LSN)为 OFF	限位开关有效	使 LSP*LSN 为 ON，检查运行模式
AL.9F	电池警告	绝对位置检测系统用电池电压低	电池电压低于 3.2 V	更换电池
AL.E0	过再生警告	再生功率超过内置再生制动电阻或再生制动选件的允许再生功率	达到内置再生制动电阻或再生制动选件的允许再生功率的 85% ──调查方法── 通过状态显示查看再生负载率	① 降低定位频率；② 更换容量更大的再生制动选件；③ 减小负载

显示	名 称	内 容	发 生 原 因	处 理 方 法
AL.E1	过载警告 1	存在产生过载报警 1*2 的可能性	达到过载报警 1*2 的发生等级的 85%以上的负载 ——原因·调查方法—— 请参照AL50.51。	参照 AL.50*51
AL.E3	绝对位置计数器警告	绝对位置编码器的脉冲异常	① 编码器有噪声混入	采用噪声对策
			② 编码器故障	更换伺服电动机
		绝对位置编码器的多转计数器值超过最大转动范围	③ 从原点开始的移动量超过 32767 转或-32768	再次进行原点设置
AL.E5	ABS 超时警告	—	① 可编程控制器的梯形图程序错误	修改程序
			② 反转启动(ST2)*转矩限制中(TLC)接线错误	正确连接
AL.E6	伺服紧急停止警告	EMG 为 OFF	紧急停止有效(使 EMG OFF)	确认安全,解除紧急停止
AL.E8	冷却风扇回转数过低警告	伺服放大器风扇的转速在警告等级以下。带冷却风扇的伺服放大器中 MR-J3-70A、100A 不显示此警告	冷却风扇使用寿命已过	更换伺服放大器的冷却风扇
			冷却风扇的电源故障	更换伺服放大器
AL.E9	主电路 OFF 警告	主电路电源 OFF 的状态下,伺服开启(SON)	—	置主电路电源 ON
AL.EA	ABS 伺服 ON 警告	绝对位置数据传送模式开始后经过 1s 以上,伺服 ON(SON)置 ON	① 可编程控制器的梯形图程序错误	修改程序
			② 伺服 ON(SON)接线错误	正确连接
AL.EC	过载警告 2	伺服电动机的 U、V、W 任一特定的相超过额定电流集中流过的状态反复出现	停止时电动机的 U、V、W 任一特定的相电流集中流过的状态反复出现,超过警告等级	① 减小特定的定位地址下的定位频率; ② 减小负载; ③ 更换大容量的伺服放大器、伺服电动机
AL.ED	输出功率过大警告	伺服电动机的输出功率(速度×转矩)超过额定输出的状态持续	伺服电动机的输出功率(速度×转矩)超过额定输出的150%的状态下连续运行	① 降低伺服电动机转速; ② 减小负载

项目 **7** 伺服控制系统的应用

本项目将通过 4 个实际的例子来巩固伺服控制系统的应用，前两个用三菱 FX2n 系列 PLC 伺服移位角控制以及伺服机械手定位控制，后两个实例用三菱 Q 系列 PLC 完成定位跟踪控制。

7.1 伺服移位角控制

1. 控制要求

本案例用伺服电动机控制工业控制中分度盘 360°旋转，该系统有手动控制模式和自动控制模式，手动、自动切换由触摸屏"手动/自动"按钮控制。

（1）自动控制模式要求

按下启动按钮 SB1 或触摸屏启动按钮，启动伺服控制系统，分度盘以时钟秒表方式顺时针旋转。即 0.5 s 旋转 6°，0.5 s 停止在行动到位的角度上，自动循环控制。按下停止按钮 SB2 或触摸屏停止按钮，指针停止。

（2）手动控制模式要求

① 在触摸屏画面上输入分度盘的移位角，选择分度盘的旋转方向，移位角度能在（1°~360°）范围内任意设置（精度 1°）。按一下触摸屏启动按钮，分度盘按设置要求旋转，到位后停止。若中途按下触摸屏停止按钮，分度盘立即停止；再次按下触摸屏启动按钮，重新开始旋转。

② 按下触摸屏顺指针按钮或按下 SB3 按钮，分度盘顺时针旋转；按下触摸屏手动逆指针按钮或按下 SB4 按钮，分度盘逆时针旋转；松开按钮时，分度盘立即停止，旋转频率在触摸屏上设置。

伺服电动机与分度盘减速比为 1∶30。

2. 技能操作分析

（1）PLC 控制伺服电动机接线原理（见图 7-1）

（2）I/O 分配（见表 7-1）

图 7-1　PLC 控制伺服电动机接线原理

表 7-1　I/O 分 配 表

输 入 元 件		输 出 元 件	
输入地址	功能分配	输出地址	功能分配
X0	SB1（启动）	Y0	脉冲输出
X1	SB2（停止）	Y2	方向输出
X2	SB3（手动顺时针）		
X3	SB4（手动逆时针）		
X4	SA（手动/自动）		

（3）设置伺服放大器参数（主要参数设置见表 7-2）

表 7-2　伺服放大器参数表

参　　数	出 厂 值	设 定 值	说　　　　明
PA01	0000	0000	运行模式（位置控制）
PA05	0	0	设置"0"以外的值为每转脉冲输入脉冲数，此时电子齿轮比无效
PA06	1	8192	电子齿轮分子
PA07	1	225	电子齿轮分子
PA13	0000	0001	指令脉冲输入形态
PA14	0	0	旋转方向选择

 注意

以上设置为输入 3 600 个脉冲，伺服电动机轴转一圈。

（4）参考触摸屏画面（见图7-2）

图7-2　触摸屏参考画面

（5）编写参考梯形图（见图7-3）

图7-3　参考梯形图

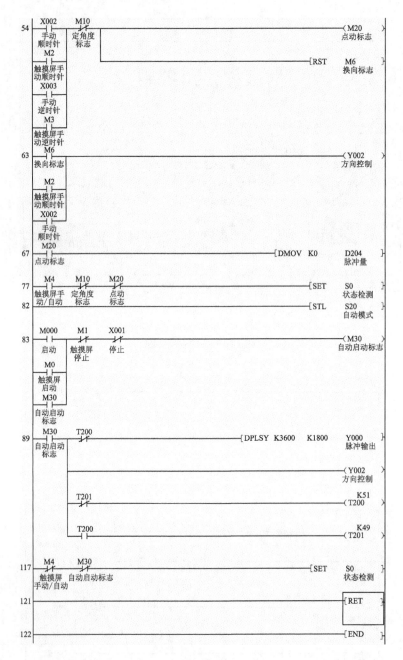

图 7-3　参考梯形图（续）

（6）梯形图的功能分析

① 由于控制分度盘 360°的角度定位控制（精度 1°），所以将伺服驱动器设置成 3 600 个脉冲伺服电动机旋转一周，就是伺服电动机旋转 1°需要 10 个脉冲，因为伺服电动机与转盘之间有 1:30 的减速齿轮，所以控制分度盘旋转 1°需要 10×30=300 个脉冲。在程序中，触摸屏（D210）输入的角度，按要求转化成了伺服电动机的输入脉冲（D204）。

② 由触摸屏按钮 M4 控制手动和自动，（建议 M4 在触摸屏上设置成取反功能），默认为手动控制模式，手动定角度控制与手动任意角度顺时针、逆时针控制之间有互锁，不能同时运行；另外，切换到自动模式必须伺服停止状态切换；顺时针、逆时针切换也必须在伺服电动机停止状态时切换。

③ 自动模式运行时，模拟的是时钟秒针的顺时针旋转，每秒钟走 6°，一分钟正好走一圈。

（7）调试步骤

① 设置伺服参数：按接线图完成接线，上电后进行参数设置。

② PLC 程序编写，并将程序下载到 PLC。

③ 触摸屏画面制作，并设置脉冲频率为 1 000～3 600 Hz，旋转角度 1°～360°。

④ 按控制要求调试功能，检查运行角度是否符合要求。（调试时按下 SB6 伺服开启按钮）

7.2　定位机械手控制

1．控制要求

该案例模拟工业控制中机械手定位搬运货物，机械手水平方向由伺服电动机控制滚珠丝杠正反转，完成水平左右移动，机械手垂直方向、夹紧/放松由气缸控制。

设计条件：

① 滚珠丝杠的导程为 5 mm。

② 每 2 000 脉冲驱动伺服电动机带动丝杠移动 1 mm。

③ 机械手上升由 YV1 控制、下降由 YV2 控制、夹紧由 YV3 控制。

机械手原位条件：水平方向在"原位"位置，垂直方向处于上限位，机械手指处于放松状态（YV3-OFF）。

机械手控制有：手动控制模式、自动单周期控制模式、自动连续控制模式。

（1）自动控制模式

按"回原位"按钮，机械手回原位→按一下"启动"按钮，垂直机械手向下移动，移动到下限位→机械手指夹紧工件，延时 1s→垂直机械手向上移动，移动到上限位后→机械手水平右移 200 mm（触摸屏预设置），到位后停止水平右移→垂直机械手向下移动，移动到下限位后→机械手指放松，工件释放，延时 1s 后→垂直机械手向上移动，移动到上限位后→机械手水平左移，到原位后停止。以上为一个单周期运行，连续控制就是反复循环以上搬运动作。

（2）手动控制模式

手动模式通过触摸屏控制，控制机械手的水平左右移动、垂直上下移动、机械手指的夹紧与放松。在触摸屏上可以设置，水平左右移动的速度与行程。

（3）停止要求

在任何时候按下停止按钮 SB2 或触摸屏停止按钮，系统立即停止。停止时可以手/自动切换，重新启动系统。

2. 技能操作分析

（1）定位机械手控制示意图（见图 7-4）

图 7-4　定位机械手控制示意图

（2）PLC 控制伺服电动机接线原理（见图 7-5）

图 7-5　PLC 控制伺服电动机接线原理

（3）I/O 分配（见表 7-3）

表 7-3 I/O 分配表

输入元件		输出元件	
输入地址	功能分配	输出地址	功能分配
X0	SB1（启动）	Y0	脉冲输出
X1	SB2（停止）	Y2	方向输出
X2	SB3（回原位）	Y4	上升电磁阀
X3	B1（原位检测）	Y5	下降电磁阀
X4	B2（左限位）	Y6	夹紧电磁阀
X5	B3（右限位）		
X6	B4（上限位）		
X7	B5（下限位）		
X10	SA1（手动/自动）		
X11	SA2（单周/连续）		

（4）设置伺服放大器参数（主要参数设置见表 7-4）

表 7-4 伺服放大器参数表

参 数	出 厂 值	设 定 值	说 明
PA01	0000	0000	运行模式（位置控制）
PA05	0	0	设置"0"以外的值为每转脉冲输入脉冲数，此时电子齿轮比无效
PA06	1	1638	电子齿轮分子
PA07	1	125	电子齿轮分子
PA13	0000	0001	指令脉冲输入形态
PA14	0	0	旋转方向选择

 注意

以上设置为，输入 10 000 个脉冲，伺服电动机轴转一圈。

电子齿轮比的计算：已知 $\Delta\ell_0 = 1/2000 = 0.5 \times 10^{-3}$（mm/脉冲）

$$\frac{CMX}{CDV} = \Delta\ell_0 \times \frac{P_t}{\Delta s} = \Delta\ell_0 \times \frac{P_t}{n \cdot P_b} = 0.5 \times 10^{-3} \times \frac{131072}{5} = \frac{131072}{10000} \approx \frac{1638}{125}$$

根据计算得出 CMX（电子齿轮分子）=1638，CDV（电子齿轮分母）=125。

式中： $\Delta\ell_0$——每个脉冲进给量（mm/脉冲）；

P_t——编码器分辨率（脉冲/转）；

ΔS——电动机每转进给量（mm/转）；

P_b——滚珠丝杆进给量；

n——加速比。

（5）参考触摸屏画面（见图 7-6）

（6）编写参考梯形图（见图 7-7）

图 7-6　触摸屏参考画面

图 7-7　参考梯形图

图 7-7 参考梯形图（续）

图 7-7　参考梯形图（续）

（7）梯形图的功能分析

① 在程序中，触摸屏（D200）输入的是水平位移速度，单位为 mm/min，（D200/60=D204）转化为 mm/s，最终（D204×2000=D0）转化成伺服电动机的输入脉冲频率。触摸屏（D208）输入的是位移距离，单位为 mm，（D208×2000=D2）转化成伺服电动机的输入脉冲总量。

② 由 SA1（X10）控制手动模式和自动模式，自动模式中由 SA2（X11）控制单周期和连续运行，手动模式由触摸屏控制。手动可以随时切换成自动运行，自动模式时切换成手动模式要停止后才能切换。

③ 任何时候按下停止按钮 SB2 或触摸屏停止按钮，系统停止。

（8）调试步骤

① 设置伺服参数：按接线图完成接线，上电后进行参数设置。

② PLC 程序编写，并将程序下载到 PLC。

③ 触摸屏画面制作，并设置水平移动速度范围为（300～600 mm/min），水平位移距离范围为（50～300 mm）。

④ 按控制要求调试功能，检查运行是否符合要求。（调试时按下 SB5 伺服开启按钮）

⑤ SQ1、SQ2 为水平方向位移的硬极限保护，超行程压到 SQ1 或 SQ2 时，伺服停止。

7.3 定位跟踪控制

1．控制要求

该系统是利用伺服电动机来完成对工作盘进行跟踪的控制要求。它综合了按钮与触摸屏配合的控制方式，转盘当前的速度由触摸屏控制，其伺服电动机的启停由外接按钮控制。

其中，工作盘是由交流变频控制，在工作盘下方为 XY 十字工作台（伺服电动机控制），工作时，在工作盘放入磁钢，当工作盘转动时，按下伺服电动机控制按钮启动跟踪功能 X 轴安装的传感器一直能够对应到磁钢（传感器保持检测到的磁钢不脱开）。

按钮控制：SA1 启动伺服电动机的运行，对于 SB1 和 SB2 是扩展的回原点功能。

2．技能操作分析

（1）PLC 控制原理接线图（见图 7-8）

图 7-8　电源模块

（2）PLC 主控模块（见图 7-9）

图 7-9　PLC 主控模块

（3）I/O 模块（见图 7-10）

图 7-10　I/O 模块

（4）伺服模块（见图 7-11）

图 7-11　伺服模块

（5）I/O 分配（见表 7-5）

表 7-5　I/O 分 配 表

输 入 元 件		输 出 元 件	
输入地址	功能分配	输出地址	功能分配
PX0	SB1　　X（原点）	Y20	低速

输入元件		输出元件	
输入地址	功能分配	输出地址	功能分配
PX5	SB2 Y（原点）	Y23	中速
PX7	SA1 （启动）	Y24	高速
X10	光电传感器		

（6）设置伺服参数（主要参数设置见表 7-6）

表 7-6   伺服参数设置表

参 数	轴 1	轴 2	说 明
Unit Setting	PULSE	PULSE	单位设置
Pulse Count/Revo	262144(PULSE)	262144(PULSE)	每转输入脉冲数
Travel/Revo	20000(PULSE)	20000(PULSE)	每转的移动量
Direction	Reverse	Reverse	回原点方向
Method	DATA SET1	DATA SET1	回原点方式
Op.setting for HPR incomplete	Exec.Sv.Prog	Exec.Sv.Prog	

（7）设置变频器参数（主要参数设置见表 7-7）

表 7-7   变频器参数设置表

参 数	设置值轴 2	说 明
Pr.79	3	外部/PU 组合运行模式 1
Pr.4	10	频率值
Pr.5	30	频率值
Pr.6	40	频率值

（8）参考触摸屏画面（见图 7-12）

图 7-12   触摸屏参考画面

（9）PLC 编写参考梯形图（见图 7-13）

图 7-13　参考梯形图

图 7-13 参考梯形图(续)

(10) 运动 CPU 编写参考程序 (见图 7-14)

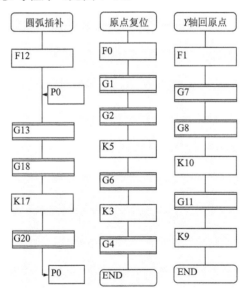

图 7-14 运动 CPU 编写参考程序

各参数详细说明如表 7-8 所示。

表 7-8 参数详细说明

F12	SET M2042	G13	M2415*M2435*!M2001*!M2002
G18	PX7	K17	INCeC Axis 1,0pls Axis 2,0pls Speed D6004 pls/sec Ctr.p.1,0pls Ctr.p.2,20000pls

F12	SET M2042	G13	M2415*M2435*!M2001*!M2002
G20	M2401*m2421	F1	SET M2042
G7	M2435*!M2002	G8	PX5
K10	ABS-1 Axis 2,20000pls speed 3000pls	G11	M2421
K9	ZERO Axis 2	F0	SET M2042
G1	M2415*M2435*!M2001*!M2002	G2	PX0000
K5	ABS-1 Axis1,20000pls speed 10000PLS/sec	G6	M2401
K3	ZERO Axis1	G4	!px0000

（11）梯形图功能分析

本例工作盘的运动是利用开关量控制，通过对 A700 变频的设置及连接从而实现控制要求，从程序中可以看出本例为三段速，分别在变频中设置相应的频率。

对于 G13 一段采用的是对运动 CPU 外部启动控制方式，也可以在运动 CPU 内部进行自启动设置。

在速度变化的问题上，采用的是时间更新采集的原理来进行控制，每一定时间内将写入相应变量的值。

（12）调试步骤

① 设置伺服参数：按接线图完成接线，上电后进行参数设置。

② 设置变频器参数。

③ PLC 程序编写，并将程序下载到 PLC。

④ 触摸屏画面制作，并对其 CCLINK 通信进行设置（触摸屏采用的是 CCLINK 通信）。

⑤ 按控制要求调试功能，检查运行是否符合要求。

7.4 单轴伺服跟踪控制

1. 控制要求

该系统中的变频器通过触摸屏控制，伺服电动机的启动通过外界按钮控制，当然，可以根据实际进行相应的调整。

对于单轴控制系统的结构，主要是以通过伺服电动机来对普通交流电动机控制的传动带进行跟踪，传运带的传送速度通过变频器设置给定。本例为开关量控制，所以相应的传送速度是固定的，只要完成对伺服电动机进行速度控制即可。

伺服驱动器采用 MR-J3-10B，通信方式为光纤通信（抗干扰能力强，高速率）。

2. 技能操作分析

（1）PLC 控制原理接线（见图 7-15）

图 7-15　PLC 控制原理接线

（2）PLC 主控模块（见图 7-16）

图 7-16　PLC 主控模块

（3）I/O 模块（见图 7-17）

图 7-17　I/O 模块

（4）伺服模块（见图 7-18）

图 7-18 伺服模块

（5）I/O 分配（见表 7-9）

表 7-9 I/O 分 配 表

输入元件		输出元件	
输入地址	功能分配	输出地址	功能分配
X40	SB1 伺服启动	Y50	低速
X4B	接近开关	Y53	中速
—	—	Y54	高速

（6）设置伺服参数（主要参数设置见表 7-10）

表 7-10 伺服参数设置

参数	轴 1	说明
Unit	3：PULSE	单位设置
Pulse per roation	262144(PULSE)	每转脉冲输入脉冲数
Travel per roation	50000(PULSE)	每转的移动量
Speed limit	6000000pls/s(尽量取大)	速度极限值
Lower limit	1：positive	下限
Upper limit	1：positive	上限

参数	轴 1	说明
Near-point dog signal	1：positive	近点狗标志
Forced stop selection	1:invalid	急停
Operation setting for home position return incomplete	1:Execute positioning	
Servo amplifier series	1:MR-J3-B	伺服驱动型号
Function selection A-1	1:Invalid(Do not use the forced stop signal)	

（7）设置变频器参数（主要参数设置见表 7-11）

表 7-11　变频器参数设置

参数	设置值 轴 2	说明
Pr.79	3	外部/PU 组合运行模式 1
Pr.4	10	频率值
Pr.5	30	频率值
Pr.6	40	频率值

（8）触摸屏参考画面（见图 7-19）

图 7-19　触摸屏参考画面

（9）编写参考程序（见图 7-20）

图 7-20　参考梯形图

图 7-20 参考梯形图（续）

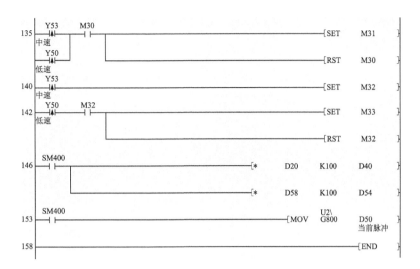

图 7-20　参考梯形图（续）

（10）调试步骤

① 设置伺服参数，按接线图完成接线，上电后进行参数设置。

② 设置触摸屏参数，设置的具体步骤请参考手册。

③ PLC 程序编写，并将程序下载到 PLC。

④ 触摸屏画面制作，及其通信设置。

⑤ 按控制要求调试功能，检查运行是否符合要求。